奋斗与辉煌

新时代的中国聚氨酯工业

杨茂良　吕国会　徐岩◎主编

中国经济出版社
CHINA ECONOMIC PUBLISHING HOUSE

北　京

图书在版编目（CIP）数据

奋斗与辉煌 ：新时代的中国聚氨酯工业 / 杨茂良，
吕国会，徐岩主编 . -- 北京 ：中国经济出版社，2025.

1. -- ISBN 978-7-5136-8025-7

Ⅰ. TQ323.8

中国国家版本馆 CIP 数据核字第 2024WD0187 号

责任编辑　赵静宜
责任印制　马小宾
封面设计　久品轩

出版发行　中国经济出版社
印　刷　者　北京富泰印刷有限责任公司
经　销　者　各地新华书店
开　　本　710mm×1000mm　1/16
印　　张　14.75
字　　数　210 千字
版　　次　2025 年 1 月第 1 版
印　　次　2025 年 1 月第 1 次
定　　价　98.00 元

广告经营许可证　京西工商广字第 8179 号

中国经济出版社 网址 http：//epc.sinopec.com/epc/ 社址 北京市东城区安定门外大街 58 号 邮编 100011
本版图书如存在印装质量问题，请与本社销售中心联系调换（联系电话：010-57512564）

序 言

P r e f a c e

聚氨酯是分子链中含有大量氨基甲酸酯基团的高分子合成材料的统称，通常由多元异氰酸酯与多元醇经聚合反应制得，具有优异的力学性能和物理化学性能。

聚氨酯产品性能各异、形态万千，从十分柔软到极其坚硬的泡沫塑料、从超高耐磨性的弹性橡胶到高回弹的合成纤维、从真皮感强烈的合成革到胶黏性能优异的黏合剂，聚氨酯材料可以广泛应用于建筑、交通、家居、航空、船舶、鞋服、医药等国民生活的各个方面，是人们日常生活必不可少的合成材料之一，无时无刻不在改善着人们的美好生活。

1937年德国 Bayer 博士首先将异氰酸酯用于聚氨酯的合成，1942年 Bayer 公司开始中试生产 TDI，聚氨酯工业化生产从德国开始。同期，美国也开始了异氰酸酯和聚氨酯的合成研究。到20世纪60年代，美国从原料生产到聚氨酯的开发与加工逐渐形成了一个完整的工业体系，在世界聚氨酯工业中取得领先地位。经过几十年的发展，巴斯夫、科思创、亨斯迈、陶氏、万华等成为全球知名的聚氨酯材料公司。

我国聚氨酯工业起源于20世纪50年代末60年代初。到80年代，改革开放的春风吹遍大江南北，聚氨酯行业迎来了发展的春天。在这一时期，黎明化工研究院开发的聚氨酯胶黏剂及反应注射成型材料填补了多项空白，烟台万华拉开了中国第一个聚氨酯原料工业基地建设的序幕。随后，一套套国产化聚氨酯装置如雨后春笋般在神州大地不断涌现。

90年代后，随着我国经济持续高速发展，聚氨酯作为新型多功能高分子材料，在交通、家电、家具、冶金等领域得到越来越广泛的应用。需求的迅速增长也进一步推动了聚氨酯行业的发展壮大，软质泡沫箱式发泡小企业蓬勃发展，冰箱生产基地的自动浇注硬泡绝热层生产线、夹心板材硬泡浇注生产线、连续法大块软泡生产线、模塑软泡生产线等总数上百条大型聚氨酯涂料、胶黏剂等生产厂家也有10多家。

进入21世纪，通过对引进技术装置的消化吸收，我国基本掌握了聚氨酯主要原材料的生产技术，聚氨酯材料应用迅速铺开。我国聚氨酯工业进入飞速发展阶段，成为化工行业中发展最快的领域之一。

"十四五"期间，我国已经成为世界最大的聚氨酯原材料生产基地和最大的聚氨酯制品生产和消费市场，行业开始进入追求效率和质量的集约型增长的高质量发展时期。目前，我国聚氨酯主要原料、产品生产技术水平已达到或接近国际先进水平。我国生产了全世界95%的冷藏集装箱、70%的玩具、60%的鞋子，聚氨酯行业持续满足家具、家电、建筑、交通运输、机械、新能源等下游市场的强劲需求，为推动经济和社会发展作出了卓越贡献。

与此同时，行业也培育出万华化学、红宝丽、华峰、一诺威、中化东大、湘园新材、美思德、隆华新材、长华化学等多家制造业单项冠军企业和上市公司，形成了上海、南京、淄博、重庆、福州、烟台等一批聚氨酯原料及制品聚集区。

在我国聚氨酯行业快速发展的过程中，行业协会发挥了重要作用。1994年，在全国聚氨酯行业协作组的基础上，中国聚氨酯工业协会在民政部注册成立，标志着中国聚氨酯行业有了全国性的行业组织，行业步入了蓬勃发展的新阶段。

中国聚氨酯工业协会成立30年来，充分发挥行业桥梁和纽带的作用，在引领行业健康发展、维护行业合法权益、树立行业良好形象等方面作出了重大贡献，社会地位和影响力日益提高，为推动我国聚氨酯行业发展发挥了重要的作用。

当前，聚氨酯工业迈入了以创新引领、绿色发展为主题的新阶段。党的二十大提出，推进新型工业化，加快建设制造强国、质量强国，推动制造业绿色、低碳、可持续发展，给聚氨酯工业高质量发展指明了方向，也提出了新的要求。当前，协会正引导行业积极培育和发展新质生产力，瞄准重点产业链，加强前沿技术研究，推动高端化、智能化、绿色化发展，积极构建现代化产业体系，特别是将生物制造、新材料、新能源、人工智能等作为行业提质升级的突破口和新增长引擎，激发创新动能，推动行业高质量发展。

本书不仅是对中国聚氨酯行业发展历程的一次深刻回顾和总结，更是对行业创新经验的深度提炼和升华，同时也为行业未来发展提供了有益的借鉴和启示，对于推动中国聚氨酯行业的高质量发展具有重要意义。

今年是新中国成立 75 周年，也是实现"十四五"规划目标任务的关键之年。在这个科技日新月异、变革风起云涌的新时代，我们期望广大的聚氨酯行业从业者能够从中汲取灵感，积极学习并传承行业发展的宝贵经验，将其转化为干事创业的强大动力，在习近平新时代中国特色社会主义思想的引领下，以崭新的时代视角和满腔的创业热情，勇于担当，敢于创新，共同开启建设石化强国的新征程，为强国建设和复兴伟业贡献智慧和力量。

中国聚氨酯工业协会理事长

杨茂良

前 言

Preface

1994 年 12 月 31 日，中国聚氨酯工业协会在民政部注册登记成立。三十年来，中国聚氨酯工业协会始终以"服务、创新、开放、合作"为宗旨，坚持以党的路线方针为指导，发展成为推动中国聚氨酯行业技术进步、产业升级与国际交流合作的重要力量，带领聚氨酯行业企业，实现快速稳定增长。三十年来，中国聚氨酯工业协会始终是聚氨酯行业的指引者与坚实后盾，充分发挥行业桥梁和纽带的作用，在落实产业政策、引领发展方向、反映行业意愿、协调企业关系、促进结构调整、推广先进技术、培育产业集群、扩大宣传传播、加强国际合作、组织展会会议、制定相关标准、提高产品质量、开展咨询培训、培育行业名牌、推进绿色低碳、倡导节能减排、加强行业自律、强化自身建设等诸多方面，都发挥着重要的作用。

在中国聚氨酯工业协会的引领下，我国聚氨酯行业发生了翻天覆地的变化。从缺乏技术到全球领先，从依赖进口到产品大量输出，从小作坊到单套装置产能领先，我国聚氨酯行业用 30 年的时间赶超世界先进水平，成为全球最大的聚氨酯原材料和制品生产基地及消费市场，正昂首迈进聚氨酯工业强国之列。

为了全面记录中国聚氨酯行业的发展历程，展现行业风采，传承行业精神，中国聚氨酯工业协会决定编辑出版《奋斗与辉煌——新时代的中国聚氨酯工业》。

从 2023 年起，协会组织专业团队，广泛收集行业历史资料、企业案例、人物访谈等素材。对收集到的资料进行细致整理，筛选出具有代表性的案例和事件，为创作提供坚实基础；邀请行业内的知名作家、记者和专家组成创作团队，负责撰写报告文学；邀请行业内的专家对稿件进行评审，提出宝贵意见，进一步完善作品，最终定稿并交付出版。

本书分为五章。

第1章：中国聚氨酯行业发展历程，介绍了我国聚氨酯工业从无到有、从小到大、从大变强的发展变革。

第2章：中国聚氨酯行业发展现状，介绍了我国聚氨酯工业当前发展情况和发展展望。

第3章：中国聚氨酯行业典型企业、企业家发展报告，选取了13家行业先进企业和企业家，以报告文学的形式，通过企业成立、发展、投产、创新、重组、转型等标志性事件，介绍了企业发展成长的历程。

第4章：中国聚氨酯工业协会发展情况，介绍了协会自创建以来，交流活动、组织展会、制定规划、组织结构等情况。

第5章：媒体报道，收录了近几年来《中国化工报》对中国聚氨酯工业，特别是对协会相关活动、行业热点的报道。

由于时间、能力有限，本书难免有不妥之处，敬请业界同人批评指正。

目 录

Contents

Contents

第 1 章 chapter one

中国聚氨酯行业
发展历程

奋斗与辉煌
新时代的中国聚氨酯工业

我国的聚氨酯工业发展可以分为四个阶段。第一个阶段从 20 世纪 50 年代开始到改革开放初期，为我国聚氨酯行业的起步期，主要是探索性的自主开发，但是原料匮乏，无规模化生产装置，技术比较落后，产品质量较低。第二个阶段为引进吸收期，从改革开放开始到 20 世纪末，基本掌握了主要原料的生产制造技术，实现了工业化生产的从无到有。第三个阶段为快速增长期，21 世纪开始的 20 年（从 2001 年到 2020 年），国内企业成为科技创新的主力，生产技术水平提升较快，产能增加明显，原材料产品基本满足下游需求，行业规模迅速扩大，其间我国聚氨酯消费规模增长超过 10 倍。第四个阶段为成熟期，从"十四五"开始，聚氨酯原料投资仍然活跃，但消费增速明显放缓，行业开始进入追求效率和质量的集约增长的高质量发展时期。

一、起步期（1950—1979 年）

　　我国聚氨酯的研究开发起步于 20 世纪 50 年代中期，在大连建成第一套年产 100 吨的光气合成装置，为异氰酸酯的研究开发提供了必要的条件。1956 年开发成功三苯基甲烷三异氰酸酯（TTI），并建成了一个小规模的生产装置，主要用于胶黏剂的研发和生产。60 年代，大连、常州、太原、重庆等地相继建成了年产 500 吨的 TDI、MDI 装置，1962 年大连建成了我国

第一条聚酯型聚氨酯软泡生产线。同时上海、天津等地也开始了聚氨酯软泡的研发和生产，中国聚氨酯工业正式起步。一直到改革开放前，我国聚氨酯的研究开发基本上是在自力更生、闭关自守的环境下进行的，原料匮乏、设备落后，虽然在 60 年代中期也引进了三套年产能 3000 吨的聚氨酯连续发泡装置，但无论是从原料的品种和质量、加工技术还是聚氨酯产品的质量和数量以及研发水平，都远远落后于发达国家。当时我国几乎没有实现聚氨酯规模化、全系统工业化生产，主要为探索性自主开发，行业发展缓慢。1978 年我国聚氨酯的年生产能力约 1 万吨，实际消费量仅 5000 吨左右。

二、引进吸收期（1979—2000 年）

1978 年，党的十一届三中全会开启了改革开放的伟大进程，我国聚氨酯行业迎来了发展的春天。企业积极引进国外技术建设规模化生产装置，科研院所大力开发和改进基础原料的生产技术，实现了工业化生产从无到有、从小到大的跨越。

1978 年 11 月，国家正式批准烟台合成革厂引进一套 300 万平方米 / 年的合成革生产线，配套引进 1 万吨 / 年的 MDI 装置和 3200 吨 / 年的聚酯多元醇生产线。1983 年底三套装置全部建成投产，中国第一个聚氨酯工业基地正式建成。在计划引进国外技术扩产遭到拒绝后，烟台合成革厂与国内高校建立长期合作，充分发挥产学研结合的优势，用国产软件和系统工程的分析方法对装置的瓶颈进行逐个逐项分析、核算，联手攻克 MDI 制造技术，1994 年实现近 9000 吨的产量，1995 年产量首次突破 1 万吨，1996 年装置的生产能力达到 1.5 万吨，标志着合成革厂初步消化了引进装置的技术。1998 年 12 月，烟台万华聚氨酯股份有限公司正式成立，成为山东省第一家先改制、后上市、建立现代化企业制度的试点企业。2000 年，万华圆满完成了国家计委"年产 4 万吨 MDI 制造开发技术"项目，成为世界上第六个掌握 MDI 核心制造技术的企业。

1982 年 12 月，银光集团引进 TDI 生产线的项目建议书获得批准；1985 年底，总体设计方案正式批复；1986 年 7 月，2 万吨 / 年 TDI 工程正式破土动工；1990 年 3 月 20 日，TDI 生产线一次投产成功，一举打破了国外公司的长期垄断，结束了我国 TDI 依赖进口的历史。2001 年银光公司依靠自己的技术力量，通过对引进装置的理解、消化、吸收和改进，对主装置进行改造，消除了原来生产线中的瓶颈和弊端，使生产线实现了连续、稳定、高负荷运转。

1987 年太原化工厂引进 2 万吨 / 年的 TDI 装置，1993 年建成，由于种种原因未打通流程，于 1996 年关停。后来被重组为蓝星化工有限责任公司，技改扩建为 3 万吨 / 年的生产装置，2004 年生产出合格产品，2006 年通过性能考核。

1994 年沧州大化引进了 2 万吨 / 年的 TDI 生产装置，1999 年 10 月试车成功，2001 年达产达标，后装置产能改造为 3 万吨 / 年。

1987 年上海吴淞化工总厂引进一条 1 万吨 / 年的 TDI 生产装置，1992 年建成，由于技术原因难以连续稳定生产，于 1996 年关停，后装置被烟台巨力购买并改造。

聚氨酯用多元醇主要有聚酯多元醇和聚醚多元醇，其中聚醚多元醇的用量较大，发展较快。据原化工部炼化司 1984 年 5 月的调查报告显示，20 世纪 80 年代初期我国聚醚多元醇的年生产能力约 15000 吨，产量约 6000 吨。80 年代末到 90 年代初，国内开始引进万吨级大型聚醚生产装置和技术，包括：原锦西化工总厂 2 万吨 / 年、天津石化公司化工三厂 2 万吨 / 年、上海高桥石化公司化工三厂 1 万吨 / 年、原张店化工厂 1 万吨 / 年、沈阳石油化工厂 1 万吨 / 年、金陵石化二厂 0.5 万吨 / 年等。到 1993 年我国聚醚多元醇产能已经达到 11 万吨，1995 年产能达 18 万吨，2000 年产能达 30 万吨。我国聚醚多元醇的生产企业非常重视引进装置和技术的消化、吸收，对原有装置进行了大量的改进和扩建，生产能力增长较快。

在此期间，黎明化工研究院对聚氨酯做了比较系统的研究，从异氰酸酯、多元醇、交联剂、扩链剂、催化剂、脱模剂等，到泡沫、弹性体、胶黏剂等，以及结构设计、合成技术、加工工艺等都做了大量精心研究，填补了国内多项空白。黎明化工研究院、江苏省化工研究所等开发成功冷固化高回弹泡沫用高活性聚醚多元醇和聚合物多元醇，上海高桥石化三厂、金陵石化二厂、天津石化三厂、锦西化工总厂等均有生产；黎明化工研究院、华南理工大学等对高固含量聚合物多元醇进行了研究开发，并成功实现技术转让生产。黎明化工研究院的改性 MDI 的科研成果转化为万华化学的改性 MDI 产品。黎明化工研究院研究开发的聚氨酯反应注射成型技术，广泛应用于汽车、家电、家具等行业，为我国聚氨酯工业的发展奠定了坚实的基础。

其间，我国聚氨酯工业以引进生产装置，消化、吸收为主，辅以自主开发，逐渐掌握了主要异氰酸酯、多元醇等品种的生产技术，形成了一批自主知识产权的生产技术，虽产品同质化比较严重，但解决了工业化生产从无到有的问题。20 世纪 90 年代末，原料企业逐渐达到设计要求，但下游消费市场增长迅速，国内主要原材料的产量尚不能满足市场需求，但产品品种增多，生产工艺开始优化，效率逐步提升。

三、快速增长期（2001—2020 年）

经过 20 世纪 90 年代的装置引进和消化，我国逐步掌握了聚氨酯原料的生产技术，下游泡沫、弹性体等产品的研发不断推陈出新，适应下游家电、家具和汽车工业的发展。进入 21 世纪，下游应用的迅速增长不断推动我国聚氨酯原料的投资，我国聚氨酯工业迎来了快速发展的 20 年，我国聚醚产能规模从 2000 年的 30 万吨迅速增加到 2020 年的 640 万吨，到 2011 年我国聚醚产量基本满足了消费需求。我国 MDI 的产能从 2000 年的 4 万吨迅速增到 2020 年的 334 万吨，TDI 的产能则从 2000 年的 4 万吨增加到 142 万吨，大概在 2012 年，产量与消费量基本持平，进口产品大量减少。

在此期间，我国聚氨酯行业的科研投入重点开始由科研院所转到企业，生产企业成为技术创新的主力，装置规模不断扩大。

2000 年，4 万吨 / 年 MDI 技术开发圆满成功，标志着万华化学完全掌握了 MDI 的生产制造技术。随后万华不断进行技术开发和创新，装置产能不断扩大，2007 年采用自行开发的第四代反应技术，对一期装置进行改造，装置产能达 24 万吨 / 年，经过不断运行优化到 2008 年 5 月，装置产能达到 30 万吨 / 年。2008 年万华"年产 20 万吨大规模 MDI 生产技术开发及产业化"项目荣获 2007 年度国家科技进步奖一等奖。2019 年万华化学通过技术改造建成单套产能 110 万吨 / 年级 MDI 生产装置建设，产品牌号不断细分，可满足各种领域的要求，成为全球技术领先的 MDI 生产商。通过海外并购和成功运营匈牙利宝思德化学，万华化学全球化发展迈出了里程碑意义的步伐，改变了当时的全球异氰酸酯产业的格局，中国异氰酸酯产能跻身全球前三位，其中 MDI 产能居全球第一位。2020 年底，30 万吨 / 年 TDI 装置在烟台建成投产，万华化学成为国内最大的 TDI 生产制造企业。

银光聚银通过技术研发，2007 年成功开发了 5 万吨 / 年 TDI 工程化技术和工程化软件包，2009 年通过技术改造将公司 TDI 产能扩建到 10 万吨 / 年，并形成了配套完整的产业链，实现了资源、产品、再生资源的循环利用。

中化东大（原蓝星东大）采用高效催化技术，研究反应设备和工艺控制体系等，2019 年开发成功高活性、低 VOC、短周期聚醚多元醇生产的工艺包、自动化控制软件包等，并建成 30 万吨 / 年的聚醚生产基地，成为国内高端聚醚的重要生产商。

长华化学和隆华化学经过不断研发和技术改造，开发高固含量 POP、特殊用途 POP 系列牌号，建成几十万吨 / 年的 POP 生产基地。淄博正大通过校企合作，成功开发了一系列端胺基聚醚产品，并建成 5 万吨 / 年聚胺醚生产线，促进了环氧胶、聚脲领域的快速发展。

红宝丽、万华（宁波）容威研究开发了性能优良且能快速脱模的聚氨酯硬泡组合料，成为国内冰箱冰柜的重要供应商。

黎明化工研究院从"六五"开始，完成了多项国家攻关项目，开发出近百项技术成果，其中 30 多项达到国际先进水平，特别是汽车配套的聚氨酯材料技术，多种产品已得到广泛应用：低气味、低 VOC 汽车高回弹组合料大量应用于校车及高端车的座椅；采用低密度长纤增强的 PU-RIM 组合料的汽车仪表台的生产效率提升了 5 倍以上；玻璃包边组合料技术处于国际领先水平，黎明院成为上海恩坦华的供应商，为其提供环保型天窗汽车玻璃包边的产品和技术服务。

从 2000 年到 2020 年，我国异氰酸酯制造技术居世界领先水平，配套设施完善，一体化水平较高；聚醚多元醇生产技术和科研创新能力不断提升，与国外先进水平差距不断缩小；主要助剂研发、生产水平持续提升，产品具有一定的国际市场竞争力。随着我国聚氨酯下游如汽车、冰箱 / 冰柜、家居、玩具、箱包等发展迅速，使得我国聚氨酯产品消费增长加快，聚氨酯原材料投资活跃，产量不断提升，到 2012 年前后实现了原料的自给自足。20 年间，我国聚氨酯制品的消费规模从 102 万吨增加到近 1200 万吨。

四、高质量发展期（2021 年至今）

进入"十四五"以来，我国聚氨酯基础原材料环氧丙烷制造技术百花齐放，PO/SM、HPPO、CHPPO 生产工艺投资加快，占比不断提升，同时聚醚迎来了新一轮的产能扩张，异氰酸酯的产能也在持续上涨，但总体来说比 PO- 聚醚行业更加理性。企业科研投入继续增加，科研能力不断提高，自主创新能力进一步增强，差异化产品、高端产品不断增多，市场供应丰富。一些细分领域技术水平和应用处于全球领跑或并跑地位，原料及制品开始大量供应国际市场，国内市场逐渐成熟，大规模的新应用难以出现，市场竞争加剧，消费增速明显放缓，行业进入高质量发展的技术提升期。

特别是党的十八大以来，中国聚氨酯行业进入高质量发展时期，从追求数量、规模的粗放型扩张转为追求效率和质量的集约型增长。行业科技创新成果丰硕、绿色环保水平显著提升，市场进一步成熟。

目前，中国聚氨酯主要原材料产能均超过全球产能的 1/3，成为全球最大的聚氨酯原材料和制品生产基地，也是世界上聚氨酯应用领域最全的地区，行业原料和制品生产、消费量持续增长，产业结构持续优化。国内自主研发的聚氨酯原料和制品服务于航空航天、国防、交通运输、建筑等领域的重大项目建设。

当前，聚氨酯工业迈入了以创新引领、绿色发展为主题的新阶段。行业正积极实施创新驱动发展战略升级，树立绿色低碳发展理念，培育和发展新质生产力，瞄准重点产业链，加强前沿技术研究，推动高端化、智能化、绿色化发展，积极构建现代化产业体系，推动行业高质量发展。

第2章 chapter two

中国聚氨酯行业发展现状

奋斗与辉煌
新时代的中国聚氨酯工业

一、中国聚氨酯原材料行业发展现状

1 TDI（甲苯二异氰酸酯）

全球 TDI 产能最大的生产企业为：万华化学、科思创和巴斯夫。据统计，2023 年全球 TDI 产能为 398 万吨，我国 TDI 的生产能力为 144 万吨。

2023 年 2 月，巴斯夫宣布关闭其路德维希港 30 万吨 / 年 TDI 装置；3 月，三井化学宣布计划到 2025 年 7 月公司大牟田的 TDI 装置由 12 万吨 / 年减产到 5 万吨 / 年；4 月，东曹宣布其 2.5 万吨 / 年 TDI 装置停产。4 月，万华化学完成对烟台巨力的收购，关闭了烟台的 8 万吨 / 年装置，5 月，万华（福建）25 万吨 / 年装置生产出合格产品，同时关闭原有的 10 万吨 / 年装置，连石化工的 5 万吨 / 年装置一直处于停产状态。

近年来，我国 TDI 的产量不断增加，国内 TDI 消费规模维持在 80 万吨 / 年左右，随着海外市场的不断开拓，我国 TDI 出口逐年增加。2019—2023 年我国 TDI 产能及消费概况见表 1。

表 1　2019—2023 年我国 TDI 产能及消费概况　　　单位：万吨

年份	2019	2020	2021	2022	2023
产能	121.5	142	137	137	144
产量	102.6	100.7	123.5	105.7	114
表观消费量	80.9	78.8	88.2	74.3	82

2 MDI（二苯基甲烷二异氰酸酯）

MDI 可分为聚合 MDI、纯 MDI 和改性 MDI 等系列产品。2023 年全球 MDI 母液生产装置的生产能力 1128 万吨，我国 MDI 生产能力达 429 万吨。主要生产企业包括万华化学、上海联恒、科思创、重庆巴斯夫。另外，瑞安东曹还有一套 8 万吨 / 年母液精馏装置，每年进口 8 万吨左右母液进行精馏。

万华化学是国内唯一掌握 MDI 生产技术的公司，随着其 MDI 生产技术水平和装置规模的不断扩大，已经成为全球领先的异氰酸酯生产商，也是全球最大的 MDI 生产商。2019—2023 年我国 MDI 产能及消费概况见表 2。

表 2　2019—2023 年我国 MDI 产能及消费概况　　　　单位：万吨

年份	2019	2020	2021	2022	2023
产能	334	334	389	429	429
产量	260	283	353	338	400
表观消费量	220	254	293	275	316

3 HDI（六亚甲基二异氰酸酯）

据统计，2023 年全球 HDI 单体的生产能力为 46.4 万吨 / 年，其中我国共有 2 家企业生产 HDI，科思创位于上海的 HDI 装置生产能力为 10 万吨 / 年，万华化学在烟台和宁波建有共计 16 万吨 / 年的生产装置。

我国 HDI 单体主要用于生产 HDI 固化剂，HDI 固化剂生产企业有：万华化学、科思创、巴斯夫和旭化成。2023 年 HDI 固化剂生产能力为 22.1 万吨，其中万华化学产能最高为 15 万吨 / 年。2023 年我国 HDI 固化剂的产量达 13.5 万吨。

4 环氧丙烷（PO）和聚醚多元醇

PO 是非常重要的化工原料，主要用于生产聚醚多元醇、丙二醇、碳酸二甲酯、丙二醇醚、异丙醇胺等产品。我国 PO 约 75% 用于生产聚醚多元醇。

中石化、红宝丽、万华化学等公司自主研发了 CHP 法生产技术，红宝丽泰兴化工有限公司、中石化天津公司的 CHP 法装置已建成投产，目前处于升级改造中；万华化学 40 万吨 / 年 CHP 生产装置于 2024 年初投产。HPPO 法是以双氧水为原料直接氧化丙烯生产 PO，生产过程不产生联产物，产物主要是产品和水，成熟技术主要掌握在陶氏和赢创，中石化和中石油、中化学天辰等公司开发了 HPPO 技术，形成了自主技术，一些装置已建成投产。据统计，2023 年我国 PO 产能达 612.5 万吨，产量约 435 万吨，进口 34.6 万吨，出口不到 1 万吨，下游消费量达 462 万吨。

全球聚醚多元醇主要的生产商集中在万华化学、陶氏、科思创、巴斯夫和壳牌等大型跨国公司，2000 年以来我国聚醚多元醇的产能增速明显，形成了万华化学、中化东大、佳化化学、隆华新材料、长华化学等国内知名企业。聚醚多元醇的生产技术水平不断提高，差异化、高端化产品的市场占有率不断提高，我国已经从净进口国转变为净出口国。

2023 年我国聚醚多元醇的产能达 780 万吨，随着万华、隆华、东大等企业的扩产，加上 PO 项目的配套，未来聚醚多元醇的新增产能将超过 500 万吨，产能过剩风险将进一步加剧。据协会统计，2023 年我国聚醚多元醇产量达 480 万吨，出口量约 130 万吨，国内市场表观消费量约 383 万吨。2019—2023 年我国聚醚多元醇产能及消费概况见表 3 。

表 3　2019—2023 年我国聚醚多元醇产能及消费概况　单位：万吨

年份	2019	2020	2021	2022	2023
产能	505	627	717	740	750
产量	288	330	405	410	480
表观消费量	274	308	351	324	383

5 聚酯多元醇（己二酸类）

我国己二酸类聚酯多元醇主要用于生产鞋底原液、合成革树脂、弹性体、胶黏剂和油墨等。其中鞋底原液和合成革浆料行业消费的聚酯多元醇占消费量的 60% 以上，聚氨酯制品生产企业的聚酯多元醇以自产自用为主，约 20% 的产品为外销。据统计，2023 年我国己二酸型聚酯多元醇产能达 285 万吨，消费量约 110 万吨。

二、我国聚氨酯材料的消费概况

2023 年聚氨酯制品消费 1251 万吨（含溶剂），较 2022 年增长超过 4%。其中聚氨酯硬泡的增速最为明显，同比增长了 6.7%。2023 年我国聚氨酯制品消费增长主要来自软体家电、汽车和家具等领域。2019—2023 年我国聚氨酯制品消费概况见表 4。

表 4 2019—2023 年我国聚氨酯制品消费概况　　单位：万吨

年份	2019	2020	2021	2022	2023
聚氨酯软泡制品	279	261	279	249	260
聚氨酯硬泡制品	183	206	213	196	209
CASE 领域聚氨酯制品	418	434	466	473	500
其他聚氨酯制品（浆料、鞋底原液、氨纶）	293	272	310	282	282
总计	1173	1173	1268	1200	1251

聚氨酯泡沫塑料分为软泡和硬泡，聚氨酯软泡主要用于家具、汽车、服装等，聚氨酯硬泡主要应用于冰箱、冰柜、冷库、管道保温、板材和建筑保温等领域。据统计，2023 年我国聚氨酯泡沫塑料的消费量约 469 万吨。

CASE 类产品包括聚氨酯涂料、胶黏剂、密封剂和弹性体。聚氨酯涂料固化简单、性能优异，主要应用于木器漆、汽车修补漆以及防水涂料等，聚氨酯木器漆在木器涂料中占主导地位，聚氨酯汽车修补漆约占 40%

的市场份额，近年来聚氨酯防水涂料增速明显，未来具有广阔的增长空间。聚氨酯弹性体具有优良的综合性能，主要包括热塑性弹性体（TPU）和浇注型弹性体（CPU）及混炼型弹性体（MPU）等，近年来 TPU 需求增长迅速。据统计，2023 年各类弹性体的消费量约 161 万吨。聚氨酯胶黏剂 / 密封剂性能优异，可广泛应用于制鞋、包装、建筑、汽车等领域，是近年来聚氨酯制品增速最快的产品之一，据统计 2023 年消费量 124 万吨，较上年增加超过 9%。2023 年 CASE 类产品消费约 500 万吨，同比增长了5.7%。

2023 年鞋底原液产能仍然较大，产业集中度有所提高，市场竞争激烈，高端市场占比依然较低。2023 年我国聚氨酯鞋底原液的需求持续降低，消费量约 50 万吨。聚氨酯合成革领域仍处于产业集中度不高、行业利润偏低、技术多元化的发展整合期，全年我国聚氨酯合成革树脂的消费量约 156 万吨。氨纶性能优异，广泛应用于服装、生物医疗行业（医用绷带、纸尿裤）、休闲运动（游泳衣、塑身衣、护膝）等领域。近年来，氨纶投资主要集中于行业头部企业，产业集中度明显提高，据统计，2023 年我国氨纶产能超过 120 万吨，产量约 90 万吨。

我国聚氨酯制品的应用规模随着下游的需求而发展，2000—2020 年是我国聚氨酯工业增速最快的时期，进入"十四五"，随着我国聚氨酯领域创新能力的不断提升，生产技术水平逐渐达到或超越世界先进水平，产品品质逐步提高，较好地满足下游市场的需求。

"十三五"末，我国聚氨酯各类产品的消费量达 1174 万吨（含溶剂），这一时期，我国聚氨酯消费增速放缓，但原材料投资依然活跃，行业开始进入低速增长的高质量发展时期，主要原材料产能占比均超过全球产能的1/3，我国是全球最大的聚氨酯原材料和制品的生产基地，也是应用领域最全的地区。其中，异氰酸酯制造技术居世界领先水平，配套设施完善，一体化程度较高；聚醚多元醇生产技术和科研创新能力不断提升，差异化发展进程加快，高端产品不断涌现，与国外先进水平差距不断缩小；主要助剂研发、生产水平持续提升，产品具有一定的国际市场竞争力；聚氨酯装备与控制功能、性能明显提升，我国聚氨酯工业已经形成原料门类齐全、配套设施完善、上下游协同发展的完整产业链，正昂首迈入聚氨酯强国之列。但一些原材料投资过热，产能过剩的风险加剧，除异氰酸酯外普遍存在产业集中度偏低，市场竞争压力巨大，结构调整空间大，可持续发展能力不足，绿色化、智能化、标准化水平有待提高等问题。

三、我国聚氨酯行业创新成果

我国聚氨酯行业经历近 40 年的消化、吸收和再创造，形成了一批自主知识产权的生产制造技术。通过技术改造和新建项目，实现了原材料产能的快速扩张，行业创新能力不断提升，异氰酸酯制造技术全球领先，聚醚多元醇的生产技术紧跟世界先进水平，各类助剂层出不穷，满足了下游各行各业的不同需求。

40 年来，我国聚氨酯行业创新发展成果突出，例如万华化学的 MDI、HDI 和 TDI 的规模化生产制造技术和 PO/SM、CHPPO 生产制造技术；黎明化工研究院的高活性聚醚多元醇和高固含量 POP 制造技术；连续化聚醚、POP 生产技术；高活性短周期低 VOC 聚醚多元醇生产技术；聚氨酯高端扩链剂生产技术；聚氨酯有机硅表面活性剂生产技术；有机金属铋催化剂生产技术；有机吗啉类催化剂生产技术等。

随着环保和低碳理念的逐步深入，我国聚氨酯行业开发了一系列聚氨酯制品绿色化生产技术，满足了下游应用的需求。例如，低 GWP/ODS 发泡剂的聚氨酯硬泡技术；性能可控聚氨酯弹性体生产技术；环保型聚氨酯记忆绵生产技术；TPU 生产及关键设备；熔纺氨纶切片技术；低气味、低 VOC 高回弹聚氨酯泡沫技术；低密度、低导热系数、快速脱模的聚氨酯硬泡技术；无溶剂合成革/TPU 合成革生产技术；汽车玻璃用聚氨酯包边组合料技术；复合材料用聚氨酯组合料技术等。

我国聚氨酯行业创新能力的提升，涌现了一批知名企业。如万华化学、红宝丽、万华（宁波）容威、华峰新材料、一诺威和湘园新材料等，先后获得了制造业单项冠军示范企业称号；华峰热塑性弹性体获得制造业单项冠军培育企业称号；华峰合成革树脂荣获制造业单项冠军产品称号。

第 3 章 chapter three

中国聚氨酯行业
典型企业、企业家
发展报告

奋斗与辉煌
新时代的中国聚氨酯工业

中化东大：以创新之术，谋破局之道

中化东大（淄博）有限公司隶属于全球规模最大综合性化工企业——中国中化控股有限责任公司，目前拥有淄博、泉州两个生产厂区，是制造业单项冠军示范企业、国家级高新技术企业、中国聚氨酯工业协会副理事长单位、中国聚氨酯行业协会多元醇分会会长单位。

在聚醚多元醇产业中，中化东大（淄博）有限公司（以下简称"中化东大"）犹如一颗璀璨星辰，声名远播，赢得了客户和同行的充分肯定。这份沉甸甸的口碑，对于一家规模不算宏大的企业来说，无疑是对其非凡实力的最佳注解。那么，是什么魔力让中化东大能够在激烈的市场竞争中破浪前行，独树一帜呢？

答案深藏于"绿色创新"这四个字之中。这不仅是中化东大不断攀登高峰、实现持续发展的核心密钥，更是其书写创新发展辉煌篇章的不二法门。

唯创新者远，做央企责任的担当者

党的十八大以来，在新发展理念指引下，我国坚定不移走生态优先、绿色低碳发展道路，着力推动经济社会发展全面绿色转型。党的二十大报告指出，要实施全面节约战略，发展绿色低碳产业，倡导绿色消费，统筹产业结构调整、污染治理、生态保护、应对气候变化，加快发展方式绿色转型。

在全球环境问题日益严峻的当下，可持续发展已成为化工行业的重大发展机遇与挑战。聚醚多元醇作为聚氨酯、弹性体、涂料及胶黏剂等的关键原料，其生产与应用过程中的环境保护水平、资源效率及循环利用能力直接关系到整个产业链的可持续发展。探索聚醚多元醇的可持续发展路径，不仅是中化东大对环境负责的具体体现，也是企业转型升级、提升竞争力的关键所在。

心之所向，素履以往。作为聚醚多元醇行业唯一的中央企业，中化东大始终坚持党的领导，提高政治站位、牢记初心使命，沿着绿色创新之路聚力发展，以实际行动践行"绿水青山就是金山银山"理念。2017年4月，中化东大以壮士断腕的勇气和决心，关停了落后的环氧丙烷生产设备，在行业内引起巨大震动。这是当时淄博规模最大的环氧丙烷生产线，年产值达10亿元，尽管这套生产装置在公司的发展历程中作出了卓越贡献，而公司也将面临着失去重要产业配套的风险，但中化东大清醒认识到，这条生产线已经无法适应国家的环保政策，作为中央企业，必须将责任与担当摆在前面。

环氧丙烷装置关停后，公司变更名称，去掉了"化工"二字。这次的公司名称变更，背后折射的是公司发展理念的再突破，也是公司战略转型的重要体现。此后，中化东大专心专注于高端、绿色聚醚多元醇的创新与生产，不断拓展产品链、拓展产品应用领域，多次获得国家和集团内专利奖项。截至目前，公司共有有效专利67件，其中发明专利52件，产品牌号多达百种，并且多为高端产品和个性化定制产品，性能优于跨国公司同类产品，成为引领聚醚多元醇行业绿色发展的领头羊。

唯创新者进，做行业标准的领跑者

曾几何时，打开新汽车的车门，刺鼻气味如影随形，这是汽车内饰材料中隐藏的挥发性有机物。然而，正是这份气味，激发了中化东大对绿色未来的无限憧憬与不懈追求。

时光回溯至十余年前，中化东大已凭借其敏锐的市场洞察力和前瞻性的战略眼光，于 2014 年年底悄然拉开了"高活性低挥发物聚醚多元醇制备方法"研发的序幕。这是一场科技与环保的交响曲，是中化东大向传统挑战、向绿色迈进的坚定步伐。

从最初工艺包的反复推敲，到实验室小试牛刀的无数次尝试与突破，再到中试阶段的规模放大与工艺优化，直至最终工业化试验的圆满成功，每一步都凝聚着研发团队的心血与智慧。无数个日夜，他们与数据为伴，与实验共舞，只为那一份对绿色、健康、高性能的不懈追求。

终于，在 2016 年 9 月 12 日上午 9 点 12 分，随着生产线的轰鸣声响起，年产 3.5 万吨的新型高性能聚醚多元醇正式投料试车。那一刻，不仅标志着中化东大在绿色环保材料研发领域取得了重大突破，更预示着汽车内饰材料即将迈入一个全新的绿色时代。

经过严格检测，该产品的残留甲醛含量仅为 2ppm，这一数值远低于行业标准，充分满足了当时乃至未来一段时间内客户的严苛需求。它不仅有效降低了汽车内饰材料的气味问题，提升了驾乘者的舒适体验，更以其卓越的环保性能，为中化东大赢得了市场的广泛赞誉与客户的深度信赖。

这不仅是中化东大对"绿色制造"理念的生动诠释，更是企业在创新发展道路上迈下的坚实脚步。但是，普通绝不是中化东大的目标。为了进一步降低并稳定产品五苯三醛含量，研发、生产、营销团队开展了新一轮的测试和研究，在半年多的时间里，多个部门各司其职，为了降低五苯三醛而努力。营销团队积极与客户进行对接，一方面拓展高端汽车应用领域市场，另一方面将客户的需求和对产品的评价反馈给研发、生产环节。生产团队对生产的每个环节、每个步骤进行仔细对比和分析，环氧丙烷的质量、反应釜的温度、加水量……每一个客户的反馈、每一条曲线的波动，都牵动着中化东大的神经。

"你们这批产品特别好，以后我们就要这样的品质！"2017 年，一位客户的反馈给中化东大注射了一支强心剂。了解到这个情况后，生产、营销团队顾不上吃饭，立刻通过实时数据库对该批次产品展开倒查。"经过检验，这个批次的产品五苯三醛已经降到了 1ppm 以下！"这个史无前例的数字让东大人兴奋不已，经过仔细对比这批产品的原料质量、生产温度、工艺条件、中间控制等多种因素，中化东大终于发现了质量控制的关键环节，产品质量得到了大幅提升。

2019 年 1 月，国家强制性标准《乘用车内空气质量评价指南》正式执行，新标准进一步收紧了汽车内部空气中有害物质的限值。当其他企业开启降低 VOC 的探索之路时，中化东大的产品五苯三醛已经稳定控制在 0.05ppm 以下，成为行业标准的领跑者。奔驰、宝马、奥迪、沃尔沃等高端汽车豪华内饰领域相继向中化东大敞开了大门，亨斯迈、巴斯夫、科思创等国际一流化工企业也向中化东大抛出了橄榄枝。中化东大凭借着可持续发展领域的创新成果，完成了从跟跑到领跑的跃升，在高端聚醚多元醇市场拥有了一席之地。

唯创新者强，做绿色低碳的践行者

在国家环保政策日益强化、新旧动能转换浪潮汹涌澎湃以及城市功能精细化布局的宏观背景下，中化东大面临着前所未有的挑战与机遇。昔日辉煌的旧厂区与老装置，虽承载着历史的记忆与汗水，却已难以满足新时代高质量发展的要求。面对这一历史性的转折点，中化东大以壮士断腕的决心，关闭了环氧丙烷装置之后，再次高瞻远瞩，踏上了"退城入园"的转型升级征途。马桥项目的诞生，标志着中化东大翻开了崭新的一页。这不仅是生产装置物理空间的迁移，更是公司战略定位与未来发展蓝图的深刻重塑。

在中化东大波澜壮阔的创新发展征程中，2021 年无疑是一个里程碑。2021 年 4 月，春意盎然的季节里，马桥项目迎来了试车成功的喜讯，它不仅顺利落地，更以行业领跑者的姿态，率先建成了首座集数字化、智能化、现代化于一体的制造工厂，展现了中化东大在科技创新与产业升级上的非凡实力与坚定决心。

在这片崭新的土地上，生产环境焕然一新，但中化东大人骨子里的创新热情与创新精神却历久弥新，丝毫未减。他们正以更加饱满的热情、更加前瞻的视野，书写着属于中化东大的创新发展新篇章，向着更高、更远、更辉煌的目标迈进。

同样在 2021 年，公司自主研发并隆重推出了"低 VOC 聚氨酯防水涂料专用聚醚多元醇"，一款真正意义上颠覆行业的创新之作。这款产品的问世，不仅标志着防水涂料原材料领域的重大革新，更引领了一场绿色生产的深刻变革。

这款产品以卓越的性能，可替代现有防水涂料生产中的多种传统聚醚，简化了防水涂料的原材料储存和生产工艺，提高了防水涂料的批次稳定性。更令人瞩目的是，其制备的防水涂料在环保性能上实现了质的飞跃，大幅度降低了有机溶剂的使用与 VOC 排放，在为环境减负的同时，也赋予了涂料更加卓越的耐热老化、耐酸碱等性能，使得涂膜耐久性显著提升，为从业者与消费者的健康安全筑起了一道坚实的防线。

然而，创新之路并非坦途。面对这一革命性产品的问世，初期市场的接受度成为新的挑战。中化东大深知，唯有行动方能破局。于是，公司迅速集结了一支由研发精英与销售先锋组成的"创新突击队"，他们并肩作战，深入客户一线，以技术为桥梁，直接对话客户技术团队，通过精准对接、配方优化、工艺改进、定制化测试等一系列贴心服务，加速客户对新产品的认可与接纳。这不仅是技术的传递，更是信念与责任的共担。

在售后服务环节，中化东大同样不遗余力。研发人员化身为客户的坚实后盾，无论是技术咨询还是问题解决，都力求做到"随叫随到，使命必达"，确保客户在使用过程中无后顾之忧，共同推动绿色生产，降低碳排放，实现双赢乃至多赢的可持续发展局面。

正是这份对创新的执着追求与对社会责任的深刻践行，让"低 VOC聚氨酯防水涂料专用聚醚多元醇"不仅赢得了市场的广泛认可，更被中国聚氨酯工业协会科技成果鉴定专家组认定为"国际先进水平",成为聚氨酯防水涂料领域一大亮点。它的问世,不仅推动了我国高端聚氨酯防水涂料行业向极致健康、极致性能、极致应用迈进的步伐,更为国家"碳达峰、碳中和"目标的实现贡献了不可或缺的力量,书写了中化东大在绿色创新征途上的又一辉煌篇章。

唯创新者胜,做未来科技的探索者

在市场竞争的浪潮中,中化东大如同破浪前行的巨轮,以创新为引擎,既深耕生物原料的蓝海,又拓宽产品应用的疆域,奋力探索聚醚多元醇的无限未来。

2024年盛夏,中国国际聚氨酯展览会上,中化东大的展位前人头攒动,众多业界同人慕名而来,聚焦其明星产品——生物基聚醚。这一创新成果,如同绿色生态的使者,以可再生生物质为基石,蓖麻油、大豆油、淀粉、纤维素等自然界的馈赠,摇身一变成为替代石油基起始剂的关键原料,显著降低了对有限石化资源的依赖,为绿色低碳发展铺设了一条坚实的道路,其战略意义深远且重大。

为了在这场绿色革命中抢占先机,中化东大精心布局,组建了四支精锐的研发军团,其中生物基聚醚研发团队尤为引人注目。他们以蓖麻油为先锋,历经无数次配方调整与实验磨砺,每一个微小的变化——蓖麻油种类的筛选、催化剂用量的微调、反应条件的精准控制,都凝聚着科研人员夜以继日的智慧与汗水。实验室里,时间仿佛凝固,研发人员与数据为伴,十几个小时的坚守只为科学光芒的闪耀。终于,在不懈努力下,最佳配方横空出世,并成功通过客户验证与碳足迹审核,为中化东大的聚醚产品家族注入了新的生机与活力。

与此同时,中化东大的创新触角并未止步,双酚A聚醚、高活性低挥发物聚醚、UV光固化聚醚、纺丝油剂聚醚、聚四氢呋喃改性系列聚醚等多个领域的研究齐头并进,性能与应用的双重突破,填补了国内多项技术空白，实现了对进口产品的有效替代，彰显了中央企业的责任与担当。

2024 年年初，中化东大泉州年产 24 万吨聚醚多元醇项目的奠基，标志着公司创新版图的又一次重要扩张。这座新的"桥头堡"不仅承载着开拓华东、华南及东南亚市场的使命，更将成为收集全球前沿信息、深挖客户需求、引领科技潮流的新高地。同年 5 月，淄博厂区的产能升级与生产线优化，更是以最小的投入实现了年产能从 30 万吨到 40 万吨的飞跃与能耗的显著降低，再次证明了中化东大在绿色制造领域的深厚底蕴与卓越能力。

这一系列成就的背后，是中化东大对绿色发展理念的坚定践行，也是其创新能力与决心的有力证明。工信部能碳平衡智能制造优秀场景、山东省绿色工厂、绿色供应链管理企业、节水型企业等一系列荣誉加冕，如同一张张闪亮的"绿色名片"，不仅见证了中化东大的辉煌历程，更预示着一个更加绿色、更加可持续的未来正在徐徐展开。

在时代的大潮中，唯有不断攀登科技高峰，方能紧握市场的脉搏，引领行业的潮流。而创新更是中化东大在激烈的市场竞争中破茧成蝶、脱颖而出的核心密钥。

中化东大始终保持着对科技创新的无限渴望与追求，踏上了深化改革的征途，这是一场全方位、多层次的自我革新。从管理模式的优化到组织架构的重塑，从人才发展通道的拓宽到生产工艺的革新，从客户对接渠道的多元化到企业文化的深度培育，每一步都凝聚着中化东大人对未来的深刻洞察与不懈探索。

展望未来，中化东大将更加坚定地以创新为舵，以科技为帆，扬帆远航，向着更高远的目标进发。我们将大力发展新质生产力，不断突破技术壁垒，拓宽应用领域，推动产品向更高性能、更绿色环保的方向迈进，开创绿色发展的新篇章。

红宝丽：致力成为行业引领者

在中国聚氨酯工业波澜壮阔的发展历程中，有一个名字犹如璀璨星辰，跨越了三十七载春秋，依旧绽放着独有的光芒。它就是红宝丽集团。

回溯至 1987 年，那是一个风起云涌的时代转折点。一个曾几近沉沦于困境边缘的泡沫小车间，在芮敬功的带领下，犹如凤凰涅槃，浴火重生。他以非凡的胆识与坚韧不拔的意志，砥砺前行，在逆境中不懈探索，孜孜以求技术突破与产业革新。

随着岁月的流逝，红宝丽以其卓越的产品品质、前瞻的技术视野和深厚的市场影响力，不仅成就了自身的辉煌，更为整个行业树立了标杆，成为聚氨酯行业屹立三十余年的引领者。

聚氨酯领域，强势崛起

1987 年，芮敬功被历史的车轮推至了江苏高淳县化工总厂的一隅——一个资源匮乏、困境重重的泡沫分厂门前。面对这个"四无"困境——无技术支撑、无资金注入、无市场导向、无自主决策权，他毅然决然地接过了重担，仅用短短九个月时间，便让这片荒芜之地焕发生机，实现了销售额的飞跃，初尝盈利的甘甜——70 万元的销售额与 2 万元的利润，成为改写命运的序章。

此番胜利，不仅点燃了芮敬功心中的熊熊斗志，更激发了他对泡沫分厂未来蓝图的无限遐想。彼时，中国正迎来冰箱生产线的引进热潮，48 条生产线横跨五洲四海，为行业注入了前所未有的活力。芮敬功敏锐地捕捉到了这一历史性的机遇，将目光投向了聚氨酯硬泡组合聚醚这一前沿领域，决定以此为突破口，开启一场前所未有的创新征程。

1989 年，在南京钟山化工厂的鼎力相助下，红宝丽成功研发出国产化聚氨酯硬泡组合聚醚，产品质量卓越，合格率跃升至 90% 以上，标志着中国在这一领域迈出了坚实的一步。同年，一条年产能达 1500 吨的现代化生产线拔地而起，正式投产运营，为红宝丽的腾飞插上了翅膀。

然而，市场的征途从不是一帆风顺的。面对重重挑战，芮敬功巧妙运用"借名扬名"的策略，历经重重困难，终将"红宝丽牌聚氨酯"这一品牌镌刻在了香雪海等知名厂商的合作名录上。名声大噪，订单如潮，客户群体日益壮大，市场版图不断拓展。

在卓越品质与技术创新双轮驱动的强劲引擎下，红宝丽集团在设备迭代与产能飞跃的征途上持续加速。1993 年，一座崭新的年产能 5000 吨组合聚醚项目建成落地，成为企业规模化生产的崭新起点。1996 年，凭借前瞻性的技术改造策略，红宝丽年产能实现质的飞跃，跃升至 15000 吨，奠定了在行业内的坚实基础。

迈入 21 世纪，红宝丽更是以雷霆万钧之势疾驰前行。2003 年，无氟组合聚醚项目的成功投产，不仅引领了行业向绿色、环保生产的深刻转型，更为企业注入了勃勃生机与无限可能。仅仅三年后，红宝丽再次迈出坚实步伐，新增一条年产 3 万吨的组合聚醚生产线，产能规模进一步扩大，彰显了强大的发展后劲。

2007 年，红宝丽在深交所成功挂牌上市，成为聚氨酯硬泡聚醚行业内首家登陆 A 股市场的企业，开启了资本运作与实业发展并进的全新篇章。募集资金重点投向的"5 万吨环保型聚氨酯硬泡组合聚醚"项目，在南京化工园区的沃土上生根发芽，不仅极大地提升了企业的生产能力，更将红宝丽的品牌影响力推向了新的高度。

时至今日，红宝丽已建起年产 15 万吨的硬泡组合聚醚生产基地，产能规模稳居行业前列。同时，红宝丽正积极推进 4 万吨聚醚技术改造项目，专注于特种、高端聚醚等产品的研发与生产，以更加优质的产品满足市场需求，进一步巩固提升行业领军地位。

世界舞台之上，声名远扬

崛起于"洋货"独霸天下的年代，红宝丽的发展之路，不可谓不艰辛。

彼时，国产硬泡组合聚醚在汹涌的进口浪潮中屡遭挫败，国内冰箱制造业更是因质量瓶颈，普遍采用"非进口聚醚不用"的保守策略。然而，在这看似绝望的境遇中，芮敬功以其深邃的洞察力和坚定的信念，认为"国产聚醚虽面临挑战，但进口品亦非完美无缺"。他深刻指出，我国冰箱生产线源自多国技术融合，单一聚醚难以满足多样化的生产需求；加之国土辽阔，气候迥异，外企难以精准适配。面对如此薄弱的起点，如何与强大的国际巨头同台竞技，成为摆在红宝丽面前的巨大难题。但是如果不开发这个项目，硬泡组合聚醚技术就会一直被国外垄断控制……

正是这份深厚的爱国情怀与不懈的进取精神，激励着芮敬功及其团队，开辟出了一条不同寻常且充满挑战的成功之路。红宝丽硬泡组合聚醚，不仅在国内家电领域崭露头角，更以卓越的性能和品质，跨越国界，登上了国际竞争的舞台。

1997 年，芮敬功审时度势，成立了外贸公司，正式涉足化工原料及产品的国际贸易领域。这一年，红宝丽硬泡组合聚醚成功出口，开了中国该产品出口的先河，标志着我国在这一领域从依赖进口到自主出口的历史性跨越。此后，红宝丽乘胜追击，迅速拓展至澳大利亚、东南亚及南非等国际市场，彻底扭转了我国硬泡组合聚醚的贸易格局，实现了从进口国到出口国的华丽转身。

时至今日，红宝丽品牌已在全球范围内树立起了高品质、高信誉的形象，冰箱用硬泡组合聚醚产品实现了国际国内家电企业全覆盖，远销 50 多个国家和地区，市场占有率连续多年稳居行业领先地位。更值得一提的是，红宝丽凭借其卓越的产品性能和优质的服务，赢得了 LG 集团、阿奇立克、伊莱克斯、惠而浦等众多国际巨头的青睐，被一致评为优秀供应商。这不仅是对红宝丽产品质量的高度认可，更是对整个中国家电行业技术进步与实力提升的有力证明。

细看红宝丽广袤的"销售版图"扩张之路，这是一条充满挑战与不懈奋斗的征途。文化差异、贸易壁垒、国际物流复杂性以及海外市场的特殊法规要求等，都是横亘在前的重重"堵点"。然而，红宝丽在芮敬功的带领下，以超凡的市场敏锐度和坚定不移的国际化视野，化挑战为机遇，逐一突破这些看似不可逾越的障碍。在中美贸易战的阴霾之下，当加征的关税如同寒霜般侵袭美国市场，众多企业哀鸿遍野之时，红宝丽却凭借其卓越的产品品质与无可替代的供应地位，赢得了美国客户的坚定支持。面对沉重的加税负担，客户宁愿负担大部分税费，也不愿让红宝丽从供应链中缺席，这无疑是对红宝丽实力与信誉的最高赞誉。

面对突如其来的新冠疫情，红宝丽更是展现出了非凡的韧性与应变能力。在疫情肆虐、国际交流受阻的艰难时期，红宝丽始终保持着与海外客户的紧密联系，维系着宝贵的合作关系。当政策的风向标终于迎来转机，红宝丽迅速响应，第一时间派遣团队跨越重洋，前往埃及、土耳其、巴西、美国等全球各地，巩固并深化了双方的合作关系。在这场没有硝烟的战役中，红宝丽不仅守护了每一份来之不易的信任，更实现了"疫情期间客户零流失"的非凡成就。

技术领域前沿，引领话语

自踏入聚氨酯这一广阔天地之初，芮敬功便怀揣着对"技术攻坚"的无限热忱，引领红宝丽踏上了创新发展的轨道。面对从基础软泡到高端硬泡的技术跨越，他从未止步。始终以前瞻性的视野和不懈的努力，推动红宝丽技术实力的飞跃。

创业初期，面对技术资源的匮乏，芮敬功巧妙借势南京钟山化工厂的技术力量，为红宝丽奠定了坚实的基础。随着企业的稳步前行，他更是亲自挂帅，倾力打造了一支自主创新的研发团队，将技术创新视为企业发展的核心驱动力，不断攀登技术高峰。

1994年，红宝丽在聚氨酯领域率先实现了低氟型组合聚醚的突破。这一创新成果不仅大幅减少了氟利昂的使用量，降低了对大气臭氧层的破坏，更彰显了红宝丽在环保技术领域的领先地位。该产品不仅通过了江苏省科学技术委员会的严格鉴定，还荣获了科技部等五部委颁发的国家重点新产品证书，为红宝丽赢得了业界的广泛赞誉。

次年，红宝丽再接再厉，成功研制出环戊烷型无氟组合聚醚，并批量投放市场。再次通过省级技术成果鉴定，荣获国家高新技术产品称号。从低氟到无氟的跨越，红宝丽不仅引领了聚氨酯产品的绿色转型，更为行业的可持续发展树立了新的标杆。

然而，芮敬功并未满足。他深知，技术创新永无止境。随后，他带领红宝丽迈入了"生物基聚醚时代"，通过将生物油转化为聚氨酯硬泡用生物基多元醇，实现了对不可再生资源的有效替代，替代率高达30%以上。2008年，生物基聚氨酯材料的突破性进展更是让红宝丽在低碳、绿色发展的道路上迈出了坚实的一步。一系列成果持续涌现，"菜籽油生物基多元醇及在聚氨酯硬质泡沫塑料应用技术"荣获南京市科学技术进步奖三等奖等，"由小桐子油制备生物基多元醇及聚氨酯硬质泡沫塑料"通过南京市科学技术局成果鉴定，"蓖麻油基聚氨酯硬泡组合聚醚产品"被江苏省科学技术厅认定为高新技术产品……这些成果不仅彰显了红宝丽在技术创新方面的卓越成就，更为企业赢得了市场的广泛认可。

红宝丽还致力于快速脱模技术的研发与应用。早在2006年，红宝丽便成功实现了脱模时间的显著缩短，从300秒降至180秒。到了2010年，红宝丽更是将脱模时间进一步缩短至100秒，这一成就至今仍未被超越。

近年来，红宝丽研发团队再一次创新技术路线，从聚醚分子结构入手，通过对其设计与优化，成功开发出聚醚新单体并在组合聚醚中推广应用，实现了全球首创的黑料预混技术应用，为客户带来了显著的效益提升。

近年来，红宝丽研发经费投入总额达 2.47 亿元，平均增长率 44.8%，每年研发课题数均达 20 项以上，拥有国家级博士后科研工作站、江苏省聚氨酯工程中心等多个联合创新平台。红宝丽不仅掌握了产品核心技术的自主知识产权，还累计拥有有效专利近百件，牵头或参与制订了 11 项国家、行业及团体标准。这一系列成就不仅让红宝丽拥有了技术话语权、市场发言权，更奠定了企业在行业内的引领地位。

新质生产力潮头，搏浪前行

目前，红宝丽拥有国内领先的聚氨酯生产基地、规模领先的异丙醇胺生产基地，以及国内首台套年产 10 万吨 CHPPO 生产装置。从单一业务到全产业链延伸，红宝丽在技术、规模和市场占有率方面不断刷新纪录。

始终秉持以"技术创新"为核心引擎的红宝丽，在新时代浪潮中勇立潮头，积极响应国家培育新兴生产力的战略号召，持续加大研发投入，加速企业转型升级步伐。2023 年 9 月，红宝丽携手上海优铖工逸技术有限公司，强强联合创立南京优迪新材料科技有限公司，这一战略举措标志着公司正式进军化学新材料高端技术领域，专注于前沿技术的研发与应用，提供一站式综合解决方案，涵盖先进工艺包设计、定制化催化剂与设备配套、节能降耗策略咨询及全生命周期催化剂管理服务，引领行业技术革新。

为进一步深化创新驱动发展战略，红宝丽正紧锣密鼓地推进研究院二期实验室的建设，旨在构建更加开放包容的联合创新生态系统。该实验室聚焦新型催化剂的前沿设计与创新，以及绿色过程工艺的关键技术攻坚，力求在科学研究与产业应用之间架起坚实的桥梁，加速重大科技成果从实验室走向生产线的转化进程。

通过这一系列高瞻远瞩的布局与行动，红宝丽正稳步迈向成为特殊化学品与特种新材料领域内的创新引领者与行业高地，持续为全球化工行业贡献卓越的智慧与力量。

忆往昔，红宝丽披荆斩棘攀技术险峰；

看今朝，红宝丽勤勉不辍树行业典范；

望未来，红宝丽矢志不渝创研发高地。

秉承着"成为行业引领者"的愿景，红宝丽将一如既往地在化学新材料领域持续创新，努力实现"从化工工厂向化学企业，从中国红宝丽到全球红宝丽"的升级发展。

美思德：初心如磐　志在顶峰

改革开放以来，我国聚氨酯主要原料产业发展不断取得突破，但是相应的聚氨酯助剂产业发展却远远不能满足行业需求。特别是聚氨酯泡沫稳定剂，又称匀泡剂，是聚氨酯泡沫塑料生产过程中必不可少的关键助剂。由于行业起步较晚，早期生产技术水平较低，市场一直处于被跨国企业垄断的局面。

谁能担起振兴中国聚氨酯助剂产业的时代重任？

在长江之滨，钟山脚下，中国聚氨酯匀泡剂产业的发展历史，与一家科技型民营企业的发展命运紧密相连。

从跟随效仿，到打破垄断，再到实现新跨越，江苏美思德化学股份有限公司在困境中崛起，用 24 年的时光，书写了一部中国聚氨酯民族工业自强不息、创新求变的壮丽史诗。

创业启航：长江与珠江的交融与碰撞

让我们把时光回拨到 24 年前。

21 世纪元年，一场跨越地域与行业的深刻变革悄然酝酿。

广东德美，以其雄厚资本与南京世创的产业技术结缘，犹如珠江之水与长江之波在时代的浪尖上激情碰撞，共同绘制出一幅波澜壮阔的发展蓝图。

黄冠雄，一位深谙资本之道的领航者，也是广东德美化工的掌舵人。他当时在纺织助剂领域已深耕多年，看准江苏化工产业的积淀与蓬勃发展的巨大潜力，有意进入匀泡剂新领域，在南京投资兴业。时任南京世创总经理金一是从事聚氨酯匀泡剂研究的资深化工专家。没有太多的犹豫，双方一拍即合，设立合资公司，发挥各自的优势，共同做大做强匀泡剂产业。2000年年底，美思德化学的前身南京德美世创应运而生。

公司成立伊始，就立志打造中国的高斯米特，比肩国际一流企业。但是，聚氨酯匀泡剂属于精细化工产品，生产技术门槛很高。那时，包括德美世创在内，国内匀泡剂企业尚处于配方摸索的初级阶段，主要依靠查找技术资料，通过调节各原料配比和反应条件，尝试着开发生产匀泡剂产品。

然而，理想与现实之间往往横亘着难以逾越的鸿沟。从2000年至2004年，尽管业务有所增长，但企业发展步履蹒跚。黄冠雄意识到，德美世创迫切需要一位兼具战略视野与技术能力的领路人。他不仅要有深厚的技术背景，还需具备卓越的战略眼光和领导力，能够在复杂多变的商业环境中做出科学决策，引领企业在激烈的市场竞争中脱颖而出并实现可持续发展。

就这样，在一家大型石化国企担任领导职务的孙宇，进入了黄冠雄的视野。

黄冠雄多次来到北京，"三顾茅庐"邀请孙宇"出山"。在深入交流之后，孙宇为黄冠雄求贤若渴的诚挚之心和为中国民族工业振兴的宏大志向深深打动，毅然决然地离开了国企"舒适区"，踏入了一片充满挑战与机遇的未知领域。

2005年，公司组建了新的管理团队，孙宇担任董事长、总经理，从此开启了美思德的新征程。初来乍到，孙宇面对的是一个资源匮乏、资金紧张、业务基础薄弱的艰难境地。作为技术型业务干部，他深知唯有科技创新方能破局。凭借在大型国企的科研管理经验，以及海外留学工作的国际化视野，孙宇决心以技术为矛，以市场为盾，为美思德开辟一条生路。

那时的美思德，抓技术仅有一个质检部门，研发几近于无。面对简陋的生产装置和初级的工艺流程，孙宇没有退缩，而是利用自己丰富的化工研发与产业化经验，将"正规军"的严谨与效率带入了美思德这支志向远大的"游击队"。

聚氨酯泡沫塑料的生产基本采用一次成型工艺，作为关键助剂，匀泡剂一旦有问题，将严重影响整个批次的聚氨酯泡沫产品质量。因此，匀泡剂下游客户高度关注产品质量的稳定性。当时，国内匀泡剂生产企业仍处于小规模、间歇法、现场人工操作阶段，与国外规模化、连续化、自动化生产相比，工艺水平还存在很大差距。

对此，孙宇果断提出，将技术进步和创新作为企业发展的第一战略。他力排众议，坚持建立独立的研发团队，并亲力亲为抓科技。这一决策在初期遭遇质疑，但随着研发工作的逐步深入，其重要性日益凸显。他以其深厚的管理功底和卓越的研发能力，为公司技术创新之路铺设了坚固的基石。

这是一场珠江与长江的交响，是资本与技术的完美融合。在聚氨酯助剂产业的舞台上，美思德以实际行动诠释着创新与坚持的力量，向着中国乃至世界领先的聚氨酯企业目标稳步迈进。

突破瓶颈：创新引领，敢为人先

匀泡剂作为聚氨酯新材料的关键助剂，其研发需要经历从基础研究、分子结构设计、配方设计、应用技术开发到产业化的全过程，其核心技术在于分子结构设计、化学合成和配方组合。一直以来，国内聚氨酯匀泡剂开发还是处在配方优化层面，未有涉及分子结构设计。要研发出具有特定功能的新型聚氨酯泡沫稳定剂，需要深刻理解聚氨酯匀泡剂的分子结构在聚氨酯泡沫制备过程中的作用机理，需要熟练掌握高分子合成技术，这对企业的研发水平和技术积累要求很高，国内尚无一家企业涉足这一领域。但是孙宇提出，要实现与跨国企业竞争，就必须坚持创新战略，从匀泡剂的分子结构入手，根据不同的原料配方和市场应用，开发不同分子结构的聚氨酯匀泡剂。

聚氨酯泡沫塑料是一种充满神奇色彩的合成材料，采用不同的原料组合及分子结构设计，就会衍生出应用场景多样化、材料性能独特化的多种多样产品，而这也需要个性化的聚氨酯匀泡剂与之配套。

分子结构的微妙差异，如同夜空中最难以捕捉的星辰，既指引着方向，也隐藏着迷茫与阴霾。面对无技术资料、无参考借鉴、无成熟设备、无专业人才的"四大皆无"，孙宇没有气馁。他亲自挂帅兼任公司研发中心的主任，高薪聘请国内外专业人才和高学历科研人才，为美思德组建了一支以专家为学术带头人、以博士和硕士为骨干的创新队伍，在充满挑战与探索的创新征途中破浪前行。

在匀泡剂分子设计攻关过程中，美思德又遇到了直接而又严峻的考验——如何确保开发出来的匀泡剂，其分子结构与设计一致？面对这一难题，孙宇决定开启校企合作大门，携手国内知名高校，借助其先进的核磁共振等设备，为那些微小而关键的分子结构揭开神秘面纱。尽管费用不菲，但在孙宇看来，这是通往成功的必由之路，是高分子合成不可或缺的"眼睛"。

依赖外部资源终究不是长久之计。为了掌握核心技术，实现真正的自主可控，孙宇做出了一个大胆的决定——斥资上千万元，引进了一台600兆核磁共振仪。同时，他还聘请了东南大学分析中心的专家作为智囊，定期为产品结构进行深度剖析与评估，确保研发成果精准、高效和稳健。

在严格的质量控制与不懈的研发努力下，美思德逐渐构建起了一套完善的产品数据库。这不仅仅是一串串单调的数据堆砌，更是多年来智慧与汗水的结晶。通过大数据分析，他们发现了分子结构与产品性能之间的微妙联系，构建起了精准预测模型。如今，美思德已能够根据客户所需产品性能，精准设计出对应的匀泡剂的分子结构，这种能力在行业内是遥遥领先的。

凭借对创新的执着追求与深厚的技术积累，美思德已取得50多件授权发明专利，不仅赢得国内外企业的尊重，而且持续获得市场发展新机遇。

硕果累累：打造核心竞争力

奋楫扬帆正当时。领先的技术水平、对市场需求的快速反应和技术服务能力，以及丰富的产品储备，已成为公司的核心竞争力。美思德的创新战略也收到了丰厚的回报。"十一五"期间，美思德实施了千吨级生产装置自动化改造；"十二五"期间，公司完成了中国聚氨酯行业"十二五"重点攻关项目"万吨级聚氨酯泡沫稳定剂开发"，建成了年产 1.6 万吨生产线有机硅表面活性剂生产线，全面实现了生产过程的远程可控化，成为国内最大的聚氨酯匀泡剂生产基地。

"十三五"期间，公司承担"新一代聚氨酯泡沫稳定剂开发及产业化"项目，通过了中国石油和化学工业联合会组织的科技成果鉴定。专家委员会一致认为：该项目总体技术达到了国际先进水平。

美思德匀泡剂已实现了专业化和系列化生产，产品型号达到百余种，产品质量和性能已接近甚至超过国外同类产品。而且，美思德不断完善"产品＋服务"的商务模式，在供应产品的同时，还为客户提供配套的技术方案，获得了包括空气化工、陶氏、巴斯夫、拜耳、亨斯迈、科威特国际石油等跨国企业，以及万华、红宝丽等国内上市公司客户的广泛认可和使用。

公司先后开发出了适用于冷藏保温、建筑节能、冰箱冰柜、软体家具、汽车、高铁等全系列的聚氨酯匀泡剂产品，形成了硬泡匀泡剂、软泡匀泡剂、高回弹匀泡剂三大系列，并在高、中、低端均有产品布局，在产品品种、销售规模、专业化程度等方面均位居行业前列。在硬泡匀泡剂市场，公司的系列产品已打破了跨国企业对国内市场的垄断，并成为市场主流产品；在软泡匀泡剂市场，公司产品性能已达到国际同行水平，市场份额快速上升；在海外市场，公司与跨国企业同台竞技，产品出口至欧洲、中东、东南亚、北美和南美等地区，海外业务收入增长迅速。

勇攀高峰：成功登陆资本市场

在拥有深厚技术积淀和较高市场占有率之后，美思德开始酝酿登陆资本市场，将募集资金用于支持公司的研发、生产及市场推广等关键领域。

2012 年，公司启动了股份制改造，推行核心员工实名制持股，使企业"共创、共享、共发展"的核心价值观得以充分体现，由此德美世创更名为江苏美思德化学股份有限公司。

2017 年 2 月 22 日，北国的初春尚带寒意，但在北京，一场关乎企业命运的盛会正悄然拉开序幕。美思德，这家在聚氨酯助剂领域默默耕耘了十七载的企业，迎来了它发展历程中最为关键的时刻——中国证监会上市审核及现场问询。这不仅是对美思德的一次全面审视，更是事关未来发展的历史转折，一场前所未有的挑战与机遇并存的战役就此打响。

会议室内，气氛凝重而紧张。评审小组的专家们，以专业犀利的眼光审视着美思德的成长轨迹、发展现状以及募投项目的每一个细节。面对严苛的审视，董事长孙宇从容不迫地回答了每一个问题。当会议接近尾声，评审组长询问孙宇是否还有补充发言时，他意识到，这将是向委员会展示美思德决心与愿景的宝贵机会。

孙宇决定用一种轻松而真挚的方式，阐述美思德渴望上市的内在动因。他讲述了一个小故事，把与会者带到了"2015 年中国聚氨酯国际展览会"现场。时任中国石化联合会常务副会长的李寿生来到美思德展台，在参观展台并听取了聚氨酯协会领导的介绍后，他对企业给予了高度评价："美思德就是我国聚氨酯行业的'小老大'！"这不仅是对美思德奋斗与成就的认可，更是对中国聚氨酯民族企业专精特新发展路径的由衷期许。

孙宇借此契机，深情地表达了两大心声：一是恳请委员会能给予美思德一个宝贵的上市机会，未来将以更加优异的成绩回馈社会；二是呼吁社会各界关注像聚氨酯助剂这类规模虽小却至关重要的产业，创造条件使更多民族企业成为这些领域的领跑者。他动情地说："如果中国有更多的中小企业能发展成为细分行业的'小老大'，中国就一定能够从现在的制造业大国，成为制造业强国！"

孙宇的话语如同一股温暖的春风，吹散了会议室内的寒意，也触动了在场每一位评审委员的心弦。短暂的研讨后，上市审核委员会一致通过了美思德的 IPO 申请。这不仅是对美思德过去的付出和取得的成果的肯定，更是对其未来发展潜力的认可。

2017 年 3 月 30 日是美思德人终生铭记的日子。这一天，公司成功在上海证券交易所上市。首次发行股数 2500 万股，每股发行价格为 12.92 元，发行市盈率为 20.01 倍，股票代码 "603041"。

在挑战与机遇的交织中，美思德以坚韧不拔的意志和勇攀高峰的精神，创造了属于自己的行业奇迹。它的故事，也激励着更多中小企业在追梦的路上勇往直前，共同书写中国制造业的辉煌篇章。

绿色低碳：牢牢把握时代脉搏

"十四五"以来，我国聚氨酯行业由高速增长转向高质量增长，向着高性能、高品质、可持续的方向发展。下游市场同样风起云涌，绿色化、高端化、个性化的浪潮汹涌澎湃，不仅重塑了消费需求的格局，更为聚氨酯行业注入了前所未有的活力与机遇。放眼全球，聚氨酯匀泡剂领域亦在经历着深刻的变革，欧美发达国家引领低碳、节能、环保、安全的新风尚，新工艺、新技术层出不穷，低排放、低污染、低能耗成为生产技术的关键词，而原料的可循环利用与可再生资源的广泛应用，更是为行业的绿色发展铺就了坚实的基石。泡沫稳定剂的专业化与系列化趋势日益明显，新技术新产品层出不穷，不断拓宽应用的边界与深度。

大潮起处看风光。沐浴着资本市场的阳光雨露，美思德逐步长成参天大树，市场影响力和盈利能力进一步提升，在新业务布局和新技术研发方面更是得心应手。开拓进取、创新务实已是美思德的鲜亮标识。

面对"双碳"战略的宏伟蓝图与下游市场对可持续发展的迫切需求，孙宇深知，唯有创新，方能引领未来。美思德紧抓时代脉搏，围绕创新战略，不断深耕细作，推出了一系列具有自主知识产权、紧贴市场需求的高技术产品，为聚氨酯行业的转型升级贡献着智慧与力量。其中，公司主导开发的"绿色安全环保型助剂的复合技术开发及应用"作为聚氨酯"十四五"规划的重要科技攻关项目，充分体现了美思德在环保领域的深厚底蕴与前瞻视野。

在环保聚氨酯产品的浪潮中，美思德勇立潮头，针对汽车、家具等行业的特定需求，精准施策，推出了绿色环保匀泡剂产品，赢得了市场的广泛赞誉。从满足欧盟及宜家标准的低挥发性匀泡剂，到新能源汽车内饰领域的绿色升级，再到液化天然气（LNG）船舶制造所需的高端匀泡剂，美思德的一次次突破，不仅彰显了其在技术上的卓越实力，更为中国企业在国际市场上的崛起树立了典范。特别是超低环体含量匀泡剂的批量出口欧洲，更是打破了跨国公司的垄断，为中国聚氨酯助剂行业赢得了宝贵的国际声誉。

2024年7月，美思德携手科思创、中国林业科学研究院林产化学工业研究所，在上海科思创亚太区创新中心共襄盛举，签署了产学研开放式合作协议。这一合作，不仅展示了美思德在循环经济与可持续发展道路上的坚定步伐，更预示着生物基聚氨酯产业将迎来新的春天。三方将携手并进，共同探索生物基聚氨酯助剂的新领域、新应用，为解决行业挑战贡献智慧与力量。

展望未来，孙宇信心满怀。他表示，美思德将以此次合作为新的起点，依托自身在聚氨酯助剂领域的深厚积累与创新优势，与合作伙伴一道，持续推动生物基聚氨酯产业的发展，满足市场对绿色产品的需求。公司将继续巩固其在聚氨酯助剂行业的领导地位，为聚氨酯行业的可持续发展注入强劲动力，为实现全球"双碳"目标贡献中国力量。

二次创业：构建"一体两翼"格局

党的二十大强调了推进新型工业化的历史使命，吹响了加快建设制造强国、质量强国的嘹亮号角。聚氨酯材料以其广泛的应用领域和无限潜力，肩负推动战略性新兴产业高质量发展的时代重任，迫切需要进一步加强行业创新体系建设，加速推进科技成果转化，不断提升产业链高端供给能力。

美思德二十多年的创新求索，铸就了在聚氨酯匀泡剂领域的辉煌成就，品牌影响力与行业地位均屹立于国内之巅。然而，面对市场局势的诡谲多变，唯有不断创新突破，方能行稳致远。"我们必须调整方向，找准更大发展空间，利用拥有的品牌优势、技术优势和资本优势，进行一场深刻的'二次创业'。"孙宇的话语坚定有力。

美思德的"二次创业"不是一场简单的业务拓展，更是一次瞄准高质量发展目标的战略重整。孙宇的视野，已跨越了眼前的山川湖海，直指全球聚氨酯助剂细分行业的巅峰。"十四五"的宏伟蓝图上，美思德以中国聚氨酯工业协会助剂工程技术中心和催化剂项目建设为契机，加速转型升级的步伐，向着全球领军企业的梦想迈进，迎接又一个充满希望的春天。

在这场变革中，有机硅匀泡剂与有机胺催化剂，作为聚氨酯行业的两大关键助剂，被赋予了新的使命。在美思德的"二次创业"战略中，吉林有机胺催化剂项目是重要一环。其与南京聚氨酯匀泡剂项目遥相呼应，共同构建起美思德"一体两翼"的宏伟格局。该项目将进一步提升公司的品牌影响力，显著增强客户黏性，成为美思德新征途上的亮丽风景线。

2021 年，在白山黑水之畔，美思德（吉林）新材料有限公司的工地上机声隆隆，4.5 万吨／年有机胺系列产品项目顺利开工。这是美思德"二次创业"的又一重要里程碑。此次战略转型也得到了资本市场的热烈反响。通过非公开发行股票，美思德在上海证券交易所成功募集资金 4.3 亿元，为项目的顺利推进提供了坚实的资金保障。

时光荏苒，转眼间已至 2023 年。10 月 13 日，吉林的天空格外湛蓝，年产 2.5 万吨聚氨酯有机胺催化剂一期项目竣工投产仪式隆重举行。

项目建设期间，正逢新冠疫情，面对严峻挑战，美思德人以不畏艰难、科学严谨、精益求精的状态，确保了项目高质量、高效率完工。国际先进技术装备的引入，更是让该项目在高端化、智能化、绿色化方面优势显著。吉林催化剂项目的投产，不仅实现了美思德在有机硅匀泡剂和有机胺催化剂两大关键助剂领域的生产和销售全覆盖，更为下游客户提供了组合产品和配套技术服务，进一步提升了公司的品牌影响力和市场占有率，巩固提升了美思德在行业中的领先地位。

携手并进：创新链与产业链深度融合

在美思德的创新发展征途上，创新链与产业链的融合如同双轮驱动，为企业注入了不竭的动力，成为其提升核心竞争力的关键所在。美思德，正以卓越的战略眼光，深度挖掘并整合行业内优势资源，让关键助剂在聚氨酯材料的广阔舞台上绽放出更加璀璨的光芒，引领上游原料企业与下游制品企业携手并进，共同迈向聚氨酯材料创新与发展的新纪元。

2023 年的春日，又一个具有里程碑意义的时刻悄然降临——美思德化学被授予"中国聚氨酯工业协会助剂工程技术中心"。与此同时，其匠心打造的行业助剂工程技术中心的信息平台——"中国聚氨酯助剂网"也正式上线，它紧密连接行业的每一个角落，为聚氨酯助剂领域的发展插上了信息化的翅膀。

美思德以建设中国聚氨酯工业协会助剂工程技术中心为契机，通过开放合作，整合行业优势资源，聚焦数字化、智能化和绿色化，开发高性能、高附加值聚氨酯助剂产品，助力聚氨酯产业链高质量、可持续发展。

其中，助剂工程技术中心创新平台作为智慧碰撞的火花源，通过与高等院校、科研院所及骨干企业的紧密合作，搭建起一个要素资源汇聚、管理模式创新、深度融合的开放式研发高地。在这里，美思德不断扩大研发中心规模，提升研发实力，建设一流的助剂合成与应用实验室，配备顶尖的化学合成设备与分析测试仪器，为技术创新提供坚实的硬件支撑。

助剂工程技术中心信息平台则是信息交流的桥梁与纽带，它围绕聚氨酯材料所需的关键助剂，如催化剂、表面活性剂及抗氧化剂等，构建起资源、技术、市场、产品等多维度的信息交流网络。不仅促进了行业信息的流通与共享，更推动了我国聚氨酯助剂产业向专业化、精细化、国际化的方向加速迈进。

身负行业工程技术中心建设重任，美思德深知，唯有攻克共性关键技术难题，方能引领行业迈进高质量发展的快车道，要充分发挥龙头企业的引领作用，致力于产学研用的深度融合。美思德不仅承担起"聚氨酯助剂的复合技术开发及应用"这一行业发展规划中的科技攻关项目，而且还加快行业标准化建设，牵头编制的《家居用聚氨酯软泡有机硅表面活性剂》《汽车用聚氨酯高回弹泡沫有机硅表面活性剂》《冰箱用聚氨酯硬泡有机硅表面活性剂》3 项团体标准，通过了行业专家审查，由中国聚氨酯工业协会批准发布并实施，为行业标准化建设补上了重要短板。

美思德 24 年的创业史册，记录了其由小到大、由弱变强的蜕变，见证了我国聚氨酯匀泡剂企业从落后于人到闪耀于国际市场的跨越，积蓄了从国内领先到迈向世界一流的底蕴。未来，美思德将继续秉持初心，勇攀高峰，以更加坚定的步伐，迈向更加辉煌的明天。

湘园新材：奏响中国聚氨酯扩链剂高质量发展最强音

30年，不过是历史长河的一瞬，然而，对于人类社会、科技进步、企业发展乃至个人成长而言，却可能是翻天覆地的变化。

过去的30年，是中国市场经济锐意改革快速发展的黄金时期，也是苏州湘园新材料股份有限公司从无到有、由弱到强的辉煌时代。从1992年年底的雏形初现，到今天羽翼渐丰，湘园新材筚路蓝缕，创新求实，励精图治，务实求进，一个个重大项目顺利建成，一项项关键技术取得突破，一批批全新产品成功面市，一份份沉甸甸的荣誉实至名归。湘园新材的成长历程，不仅是中国市场经济飞速发展的见证，更是民营企业辛勤耕耘、勇于创新、不懈奋斗的生动写照。

回望历史，20世纪80年代我国进入改革开放，国民经济迅速发展，对聚氨酯材料的需求与日俱增。彼时，我国从国外引进一批聚醚多元醇及异氰酸酯等聚氨酯基础原料的装置和技术，加紧研究开发泡沫、弹性体、胶黏剂等聚氨酯产品生产和应用工艺。但由于各类核心生产技术和各种聚氨酯助剂为国外企业所垄断，我国聚氨酯材料的研究开发进展缓慢。聚氨酯扩链剂是聚氨酯材料特别是弹性体体系生产不可或缺的重要组成部分，直接决定了弹性体生产加工工艺和材料功能。彼时，我国聚氨酯工业的发展突破面临多重困境，亟待摆脱受制于人的局面，实现聚氨酯扩链剂国产化迫在眉睫。

1992 年，随着改革开放的风起云涌，在美丽的姑苏阳澄湖畔，一位正值风华的创业者奏响我国聚氨酯扩链剂国产化的华彩乐章。

他是兢兢业业的"孺子牛"，默默耕耘在田野上，用辛勤汗水浇灌创新的果实；他是锐意进取的"探路人"，在未知的科研领域勇毅前行，以智慧之光照亮前行道路；他是精益求精的"大工匠"，别具匠心雕琢精品，对每一个细节都苛求完美；他更是无私奉献的"指明灯"，照亮前行方向，引领行业迈上一个个新台阶。他就是苏州湘园新材料股份有限公司董事长、江苏湘园化工有限公司总经理——周建。

30 年，他矢志不渝，披肝沥胆，带领湘园从无到有，从有到优，从优到精，呕心孵育出胺类、醇类、聚醚胺类（特殊类）、潜固化剂等 4 大系列 20 多个品质优异的聚氨酯扩链剂产品，助力中国聚氨酯弹性体行业昂首于世界之林。

30 年，他以不屈不挠奋斗者的姿态，完成了湘园由小到大、由弱变强的蜕变，见证了我国聚氨酯化工行业从落后于人到角逐国际高端市场的跨越。

30 年，他心怀家国情怀，将个人奋斗汇入时代的洪流，带领湘园艰苦奋斗、披荆斩棘，闯出了一条新时代中国聚氨酯高质量发展的创新之路。

从无到有，是"冲云破雾"的勇气担当

改革开放初期，我国聚氨酯助剂类产品工艺落后、供应匮乏，聚氨酯扩链剂基本上靠进口，市场完全被国外企业所垄断。1992 年，与共和国同龄的周建，领命受任于苏州郊区一家企业的厂长，带着几个对工厂建设、化工生产、装置设备等一无所知、没有接受过任何专业培训的农民和 20 万元工厂建设及运营资金，开启了生产研发聚氨酯扩链剂的艰辛之路。

创业伊始，周建面临的是没有资金、没有技术、没有专业人员，甚至没有连接厂区与外界道路的窘境。如何在仅有的一块杂草丛生的低洼土地上进行厂房建设，成了当前迫切需要解决的问题。面对困难，他带领工人迎难而上，拔草、整地、脱坯、砌墙……经过一次又一次的反复垒砌，第一栋厂房终成雏形。如何进行产线布局、生产装置引进，一个个难题再次摆在他眼前，没有案例可模仿，没有经验可借鉴，他只有负重前行，在一次又一次的失败中向成功迈进。功夫不负有心人，经过近4个月的日夜奋战，我国第一家规范化聚氨酯扩链剂生产企业正式建成。

接下来，他面临的是更为棘手的难题——扩链剂生产技术。如何启动生产，打通MOCA生产流程，生产出合格的产品？一系列未知数摆在了眼前。周建深知，核心技术是要不来、买不来、讨不来的，要实现该领域的突破，必须依靠自主创新。然而，实现从0到1的突破绝非易事，必得历经千难万险，方能见真章。这需要企业家拥有超凡的远见卓识，能够在混沌未明的市场中洞察先机；需要具备坚韧不拔的毅力，面对失败与挫折不言放弃；需要拥有深厚的专业功底与敏锐的洞察力，敢于挑战技术极限；更需要拥有开放合作的胸怀，汇聚各方智慧与资源，共同推动行业进步。

周建秉持那个年代的人特有的执着，他牢记毛主席"战略上藐视敌人，战术上重视敌人"的教导，瞄准技术难题，勇攀高峰。没有专业技术人员，没有现成工艺，他就亲自上阵，以厂为家。他将"家"搬到了临时搭建的仅有10余平方米的窝棚中，几件陈旧的仪器、简单的玻璃器皿、一张临时搭建的台子和几本行业书籍便是他的"战场"，"交流—潜研—实验—测试"成为他工作生活的"主旋律"。没有专业的实验仪器，就自己动手制作，甚至煮饭的锅、吃饭的筷子都成了实验仪器；没有专业的生产操作人员和产品检测人员，就自己冲在一线，白天围着装置产品转，晚上挑灯夜战琢磨生产中的问题……整个过程中，每一个微小的进步都凝聚着他的心血与汗水，每一次失败的尝试都是向成功迈进的宝贵一步。经过6个月日夜兼程的艰苦奋战，1993年1月，湘园第一个产品白MOCA诞生了，打破了国外企业对国内扩链剂的垄断，填补了我国生产聚氨酯扩链剂的空白。

正是由于周建的不懈努力与持之以恒，才使得中国聚氨酯扩链剂实现从 0 到 1 的跨越，也为湘园未来的发展奠定了坚实的基础。他三十年如一日，以厂为家，与产品相伴，埋头于科技创新，突破了一个个扩链剂工艺难题，掌握了一项项具有自主知识产权的聚氨酯扩链剂关键核心技术，开发出一系列高品质的聚氨酯扩链剂产品，填补了我国聚氨酯扩链剂技术和产品的多项空白，打破了国外企业对我国聚氨酯扩链剂技术和产品的垄断，开辟出了一条高品质聚氨酯扩链剂的国产化道路，使我国聚氨酯扩链剂摆脱了受制于人的局面，有力推动了我国聚氨酯工业的快速稳步发展。

从有到优，是精益求精的创新追求

从有到优，不仅是量变到质变的跨越，更是精益求精、不懈探索的创新追求。这种追求，促使着企业不断挖掘潜力，优化流程，提升品质，力求在每一个环节都追求完美。

周建始终秉承"科技创新是企业发展的第一原动力"的发展理念，进行产品战略布局，以 MOCA 系列产品为基础，通过优化革新生产工艺，开发绿色合成工艺技术。与此同时，周建还持续引领产业创新发展，布局新型聚氨酯扩链剂，实现"规模化应用一代、布局推广一代、技术储备一代"的产品战略，扩大聚氨酯这一先进高分子材料在传统行业和新兴产业的推广应用，促进新旧产业融合，为聚氨酯扩链剂开拓了全新的市场空间。

2001 年 7 月，苏州市湘园特种精细化工有限公司建成我国首个年产 3000 吨聚氨酯扩链剂系列产品的生产装置；2011 年 9 月，湘园全资子公司江苏湘园化工有限公司在江苏如东建成了规模和工艺技术领先的 MOCA 和新型聚氨酯扩链剂自动智能化生产装置。

2011 年 9 月 29 日，《中国化工报》头版头条报道了这一喜讯，表示"世界最大规模的聚氨酯弹性体交联扩链剂项目 MOCA 投产，该项目是聚氨酯弹性体领域'十二五'期间重点推进的项目之一，也是该领域'十二五'开局之年第一个实现投产的项目，对提升我国聚氨酯行业自主创新水平具有重要的引领作用"。

2018 年 7 月，苏州湘园特种精细化工有限公司正式更名为苏州湘园新材料股份有限公司，完成股份制改造，公司拥有了具有关键核心技术的三个梯队、四大系列、二十多个品质优异的聚氨酯扩链剂产品。

自 1992 年种下"生产中国高质量聚氨酯扩链剂"的种子，周建带领湘园坚持走自主研发道路，持续攻克产品生产工艺，破解重大技术难题，从规模化生产白 MOCA 产品到黄 MOCA 产品开发成功，再到研发出耐高温颗粒 MOCA 产品，并相继开发出 XYlink MOCA 系列、XYlink HQEE、XYlink HER、XYlink P 系 列、XYlink DMD230、XYlink 740M、XYlink E90 等系列聚氨酯扩链剂精品。各个产品具有工艺技术先进、各项技术指标含量高、应用场景多样化、满足市场需求、市场认可度高等核心竞争优势，推动了我国聚氨酯材料的高质量发展。

周建认为，环境保护、安全生产和经济发展是相辅相成、互利共赢的，是回报社会、造福员工、实现社会价值的最好经营之道。作为化工行业的一员，湘园在提高产品品质、优化产品结构的同时，大力推进安全环保，积极拥抱智能制造浪潮，降低能耗与排放，提高本质安全水平，助力国家"碳达峰碳中和"战略。

湘园自主研发建成环保型高纯度产品生产线，生产工艺采用创新的"制氢、加氢、缩合"一体连续法还原工艺，解决了现有液相催化加氢还原法工艺复杂、催化剂无法回收再利用、能源消耗大、对设备要求高且存在危险性等多方面不足。生产工艺具有全封闭、无溶剂、连续化、污染物排放少等优势，产品质量与能耗指标均处于国内领先水平。项目从原料罐区到成品包装全部由集散控制系统（DCS）远程控制，可对生产过程中的温度、压力、流量、速度实施自动化远程操作控制。这一创新性的生产工艺改进，摒弃了原来铁粉还原法废水、废气、废渣污染严重的缺点，对尾气中的氢气实现了二次回收利用，在连续化水平、稳压催化加氢和纳米过滤、生产系统的密闭循环性等方面实现了重要的技术革新，相关技术在国内处于领先地位。

绿水青山就是金山银山，湘园持续在环保创新上加大投入，邀请清洁生产专家对企业进行系统的指导优化，并发动全体员工提出合理化建议，每年可节约资金 400 多万元，不仅企业环保水平再上新台阶，而且实现了化工副产品综合利用，变废为宝。2017 年，公司获评"石油和化工行业绿色工厂"的称号；2019 年起，公司连续 5 年被评为绿色企业；2022 年 8 月和 2023 年 8 月，分别被江苏省生态环境厅认证为"绿色发展领军企业"、获评"诚信（绿色）"的环保信用评价（最高等级）。

经过多年的沉淀和发展，湘园已发展成为工艺技术领先，产品品种齐全、品质居全球前列、供应全球的专业化聚氨酯扩链剂的创新型生产企业。

从优到精，在传承中发扬光大

一粒种子的破土而生，需要合适的温度、湿度、环境以及优质胚胎。一项科研成果的成功转化，同样离不开人才、技术、资金、政策的支持和帮助。

"在党和政府的关怀支持下，持续加大研发投入，让更多的聚氨酯扩链剂技术走出实验室，实现产业化。"这是湘园的美好愿景，也是周建孜孜以求的奋斗目标。

蓝图绘就，使命在肩，唯有只争朝夕，不懈奋斗。周建带领湘园成功闯过了技术关，将中国聚氨酯扩链剂带到全球市场。这时，应用和市场的两道难关又摆在他和湘园的面前。

面对激烈的国际市场竞争，周建意识到，要成为全球领先企业，必须建立集基础研究、产品结构及配方设计、应用技术开发和服务及技术成果产业化于一体的经营发展体系，致力于为高质量聚氨酯产品提供系统化解决方案。

纸上得来终觉浅，绝知此事要躬行。周建带领销售、技术人员多次拜访国外聚氨酯企业，参加国外技术交流会、行业研讨会和各类型聚氨酯展会，通过"走出去""请进来"，不断摸索探讨产品新技术工艺和应用配方，突破生产工艺技术瓶颈，攻克产品应用难题。湘园用优质的产品、诚信可靠的技术服务赢得了市场客户的一致好评和认可，逐步打开了中国聚氨酯扩链剂出口全球的大门，擦亮了湘园产品的国际化品牌。

1999年下半年，轮滑鞋风靡全国，旱冰轮需求猛增，市场急需大量的MOCA产品，周建即着手推广MOCA产品在旱冰轮领域的应用技术。由于湘园公司的MOCA产品品质优异稳定、价格合理，同时配套无偿性且反应快速的应用技术服务，迅速打开了MOCA的产品市场。随着在旱冰轮领域的普及应用，MOCA在聚氨酯弹性体各个领域的应用也随之展开。这一里程碑式的进展，标志着MOCA系列产品从技术研发迈向了广泛普及与市场拓展的新阶段。

进入21世纪，我国聚氨酯材料迎来高质量发展时期，湘园持续扩大技术创新投入，引进国内外各类型先进的研发装置和仪器设备累计达1900多万元，在中国聚氨酯工业协会的支持指导下，建立"中国聚氨酯扩链剂工程技术中心"，着力对先进新材料应用产品的研究开发。在科研院校和国内外聚氨酯材料企业的通力合作下，湘园加强对热塑性聚氨酯弹性体、电子绝缘材料、工矿锯带和重工机械履带等领域聚氨酯先进材料的研发，陆续研制出具有成熟生产工艺技术的产品应用配方，成功实现新型扩链剂 XYlink HQEE、XYlink 3767、XYlink 740M、XYlink P1000、XYlink MCDEA 等产品在国内外的推广应用。近些年，公司持续优化提升各类型聚氨酯扩链剂工艺技术和产品品质，推进聚氨酯扩链剂在新兴领域的应用，如固液态 XYlink HQEE、XYlink HER 系列产品在高性能热塑性聚氨酯弹性体中的应用，XYlink MOCA 系列产品在耐温、高耐磨材料和抛光垫片等领域中的应用，XYlink P1000 系列在柔韧性泡沫材料中的应用，XYlink DMD230 在聚脲涂料的初步应用等，为重工机械、工矿、电子、高铁轨道、大型桥梁等领域新材料的生产提供了一个个"助剂原料—技术应用配方—制品"的系统性解决方案，充分满足了国内外对功能性高端聚氨酯扩链剂的应用需求，赢得了国内外客户的一致赞誉。

目前，公司已形成"MOCA+ 新型扩链剂"的多元化产品结构，拥有四大系列 20 多个品质优异的主要产品，新型聚氨酯扩链剂的相继问世，填补了我国多项产品与技术空白。目前，公司产品销售不仅涵盖国内 1200 多家公司，还远销海外 50 多个国家和地区，其中包括欧盟 27 个国家的 89 家企业，获得国内外行业客户的一致好评，享有"湘园扩链剂、名扬海内外"的崇高声誉。

2020 年 12 月，江苏湘园获评国家级重点扶持的专精特新"小巨人"企业，2021 年 9 月，跻身"建议支持的国家级重点扶持的专精特新'小巨人'企业名单（第二批第一年）"；2023 年 5 月，成为"建议继续支持的国家级重点扶持的专精特新'小巨人'企业（第二批第二年）"；2024 年 3 月，江苏湘园获评工信部"制造业单项冠军企业"。

大道如砥，奋斗如歌。在过去的三十年里，湘园与相关各方携手并进，凭着一股"路由自己找""敢为天下先"的拼劲和闯劲，逐步探索走出一条既与国际市场接轨，又适合中国国情和行业实际的创新发展之路。

匠心筑梦，以德致远。在过去的三十年里，周建始终不忘初心、牢记使命。对外，谋求湘园的小我和行业的大我共同发展和进步，将湘园的发展融入国家战略发展之中；对内，用一颗慈爱的大家长之心润物细无声地关心、爱护着每一个湘园人，忘我地带领公司研发团队，用精益求精、一丝不苟的中国科研精神，只争朝夕，在承载着责任与梦想的实验室里，让"工匠精神"焕发出新的时代风采。

公司与南京工业大学、江苏理工大学、苏州大学、北京化工大学、山西省化工研究所、黎明化工研究院等国内多家高等院校及科研院所建立了长期的合作关系，形成产学研用一体的研发体系；相继建成了企业研发中心、博士后工作站、江苏省级企业院士工作站、中国聚氨酯行业扩链剂工程技术中心、江苏省新型聚氨酯扩链剂工程研究中心、江苏省企业技术中心、江苏省工程技术研究中心等行业一流的科研载体。累计获得各类型授权专利技术七十余项（含全资子公司江苏湘园化工有限公司）；耐高温颗粒 MOCA 于 2002 年被科技部认定为国家级火炬计划项目，HER、HQEE 产品于 2004 年、2005 年先后被列入江苏省火炬计划项目，同年 5 月 HQEE 被认定为国家级火炬计划项目，多个产品被认定为江苏省高新技术产品；周建参与制定国家标准 1 个，主导完成制定行业标准 4 个，团体标准 19 个，为聚氨酯产业的发展指明了方向。持续的科技创新和不断完善的知识产权体系建设，为公司的可持续发展奠定了坚实的基础。

从精专到强大，是高质量发展的卓越追求

新时代赋予了企业前所未有的发展机遇和挑战，要求企业不仅要保持过去的精专精神，更要在全面提速的基础上不断创新突破，以适应快速变化的市场环境和技术趋势。在新一轮全球竞争的号角声中，湘园迈向了发展的新阶段，开启了一段更加辉煌的征程。

秉承"规模化应用一代、布局推广一代、技术储备一代"的产品战略，2023 年，位于江苏湘园化工有限公司的三期产品车间建设陆续展开，项目总投资计划 1.5 亿元，2024 年实现投产。项目完成投产后可实现增加年产 7500 吨 3,3'-二氯-4,4'-二氨基二苯基甲烷、2000 吨聚天门冬氨酸酯产品及年副产 36 吨苯胺类焦油、10542 吨工业盐，新增产值 1.5 亿—2 亿元，项目的投建旨在全面提升公司的生产和服务能力，以满足快速增长的市场需求。

近年来，随着疫情消除和全球经济逐渐复苏，按照产品经营规划，公司有条不紊地进行现有扩链剂的市场拓展和新型扩链剂的应用推广，国内在船舶高速公路修补材料、风电新能源防腐减震材料、绝缘材料和工矿包覆材料等领域取得了新的进展。与此同时，新型扩链剂 XYlink HQEE、XYlink P1000、XYlink 740M、XYlink 401 系列产品等在日本、韩国、新加坡、美国等地的推广应用也取得了新突破，国际市场需求不断扩大，销售保持稳定增长。

随着科技的进步和市场需求的变化，进一步开拓聚氨酯下游应用新领域显得尤为重要。这不仅是促进聚氨酯产业升级、满足市场需求多样化、实现可持续发展的有效途径，也是推动我国制造强国建设的重要途径。

正德厚生，臻于至善。一路前行，湘园多项聚氨酯扩链剂新技术和产品打破了国外垄断，成为我国高质量聚氨酯材料企业发展道路中的坚强后盾。心怀家国情怀，秉持造福员工、回报社会的责任感，湘园将继续大力开发绿色低碳、安全环保、优质高效、多功能聚氨酯助剂，为行业拓展下游市场提供支撑，加快聚氨酯产业创新升级。

2024 年，在南通市科技局的牵线下，北京化工大学拟携手湘园揭榜高速公路用、机场用等沥青跑道材料的研究与开发项目，为我国交通行业的高质量发展添砖加瓦；公司亦将进一步加大在医疗保健、桥梁涵洞、航天航空和国防军工等行业领域的应用研究。

湘园新材正充分发挥技术创新主导作用，大力推进现代化生产经营体系建设，加强标准引领和质量支撑，打造更多具有国际影响力的"中国制造"聚氨酯助剂产品品牌，以高质量聚氨酯扩链剂发展新质生产力，塑造产业新优势。

聚氨酯材料性能优、使用寿命长，市场广、潜力大。以聚氨酯材料替代金属材料市场广潜力大，能显著节省资源和能源、降低成本、提高经济效益，是聚氨酯行业的重要经济增长点，也是聚氨酯助剂的重要创新方向。2024 年 5 月，周建在国际前沿聚氨酯峰会上首次前瞻性提出聚氨酯材料大规模替代金属材料的建议。他表示，聚氨酯大规模替代金属材料，是聚氨酯助剂的重要创新方向，可以拉动整个聚氨酯行业的增长，并显著提高相关产业链整体经济效益。

随着"双碳"战略的实施，生物基产品也将成为未来材料发展的必然趋势。湘园将深入研究开发绿色环保、高端化、多元化、差异性的高性能新型扩链剂，在不断满足市场发展需要的同时，也为履行社会责任贡献力量。

时节如流、击鼓催征。新时代、新使命、新征程，湘园将紧密围绕《精细化工产业创新发展实施方案（2024—2027 年）》《中国聚氨酯行业"十四五"发展指南》和《江苏省"十四五"化工产业高端发展规划》，以更加坚定的信念、务实的作风、创新的思维、开阔的视野、昂扬的斗志奋力拼搏，攻坚克难，来迎接新的挑战和机遇，奏响中国聚氨酯扩链剂高质量发展最强音，打造国内外知名的聚氨酯新材料及其专用化学品生产研发基地，在下一个 10 年、20 年、30 年，书写出新的壮丽篇章，为中国聚氨酯民族工业的发展作出应有的贡献。

山西化研所：产业报国　丹心追梦

太原，自古就有"锦绣太原城"的美誉，控带山河，踞天下之肩背。这座太行山以西的城市，不仅有厚重的历史文化，更因上天慷慨的馈赠而具有得天独厚的资源禀赋，逐渐发展成为我国能源重工业名城。煤炭、钢铁、农化等行业的快速崛起，为聚氨酯产业的起步提供了沃土。坐落在太原的山西省化工研究所在全国率先承担了聚氨酯弹性体的研发使命。从此，一代又一代聚氨酯人的命运，与山西省化工研究所紧密联系在了一起。

在波澜壮阔的时代变迁、纷纭复杂的行业转型中，作为中国聚氨酯弹性体的"定海神针"，山西省化工研究所始终秉承产业报国的历史使命，开发出一项项高精尖的科研成果，为逐梦科技强国谋创新，为助推产业崛起留清源，谱写出可歌可泣的绚丽篇章。

（一）

在如今的中国聚氨酯行业中，很多年轻人不知道的是，成立于1964年的山西省化工研究所，是国内聚氨酯行业最早的"黄埔军校"。山西省化工研究所（有限公司）现隶属于潞安化工集团有限公司，是我国聚氨酯弹性材料和聚合物助剂技术研发领域的奠基者和重要的研发基地，主营业务为聚氨酯弹性体材料、塑料助剂、橡胶助剂等领域化工产品的研发、生产、检测、标准及信息技术的咨询服务等。一路披荆斩棘，砥砺前行，山西省化工研究所为我国聚氨酯行业，特别是非泡型聚氨酯弹性体领域的发展奠定了坚实的科研理论基础，培养了大批的优秀人才。

20世纪50年代初，新中国成立不久，石油和化学工业百废待兴，连大庆油田都还沉睡在地下，更遑论什么聚氨酯新材料产业。而彼时，世界上第一个CPU（浇注型聚氨酯弹性体）产品已经在德国拜耳公司实现了批量生产。20世纪60年代前后，美国杜邦公司也相继推出了各种类型的CPU产品。当时，国内对聚氨酯材料还知之甚少。但当聚氨酯凭借高强度、高耐磨性等优良性能，逐步应用在沙发、床垫、人造革等百姓生活的方方面面时，人们越来越认识到：这真是个神奇的好材料！

从20世纪60年代起，原化工部主导组织聚氨酯相关的基础研发，开启了国内聚氨酯产业的大幕，包括山西省化工研究所在内的几家科研院所，成了这个舞台上最初的表演者。不同于泡沫型聚氨酯在民用方面的高存在感，非泡型聚氨酯弹性体最初在军工、航天、工业生产中用得较多。一个小小的密封圈，能决定一架飞机可否正常起降；天安门广场阅兵时，坦克履带板要穿"衣服"才能不压坏长安街的路面；卫星、潜艇、导弹，也离不开聚氨酯材料的支持。但当时，西方资本主义国家对新中国进行了严密封锁，在国防、航天等领域更是如此，就是对其中可能用到的小部件、小材料也不例外。

小小的聚氨酯材料，就这样牵动着人们敏感的神经。老一辈化工人拍案而起："别人不给，我们就自己研发，一定要拿下聚氨酯技术！"从此，中国聚氨酯工业开始了自力更生之路。山西省化工研究所可谓重任在肩，这既包括聚氨酯弹性体材料的基础理论研究，还要全力以赴实现工业化，服务于军工领域。

对于研究所的科研人员来说，仿佛每一次任务都是这么既重大又紧迫。他们每次都是顶着令人窒息的压力，从研究化学结构开始，不断翻阅文献、优化工艺、统计数据、变换参数、表征结果、手工浇注，直到最终奉上一件又一件的聚氨酯作品。研发的起步无疑令人欣喜，但这距离真正的工业化生产还很远。很快，国人又尝到了"卡脖子"的滋味。

1974 年，中美两国正为正式建交而努力。中国领导人邀请美国田径队来华进行友谊赛，而美国队提出，不能用煤渣跑道，希望中方提供塑胶跑道。当时，我国还没有掌握先进的聚氨酯生产技术。这种在世界大型运动会上必备的塑胶跑道，中国一条都没有。这件小事似乎微不足道，但是如果影响了中美两国的外交关系，却是各方都不想看到的。为了满足国家需求，当时化工部调集了包括山西省化工研究所总工程师刘厚钧在内的国内多位专家进行集中攻关，经过反复实验研究，终于在北京工人体育场做出了一条 60 米长的试验塑胶跑道，圆满完成任务，满足了美国队的要求。田径友谊赛很快就在掌声和鲜花中结束，但留下的这条跑道半年后就开裂发霉。这像一记重拳，让中国的化工人更加清醒地意识到：没有过硬的技术和产品，被"卡脖子"的地方还会越来越多。

聚氨酯还是国防军工领域不可或缺的材料，要想不受制于人，必须下功夫自己搞。那该是怎样的一段历史？在那个计算机还不发达的时代，在那无数个停电如家常便饭般的夜晚，山西省化工研究所的科研人员一遍遍地查文献，一次次地做实验。这种创新性的研究是枯燥和烦琐的，经常研究很久，结果又要推倒重来。但是山西省化工研究所的前辈们没有退缩和放弃。就是在这样艰难的环境下，为国内非泡型聚氨酯弹性体产业的发展打下了第一桩。

（二）

"繁霜尽是心头血，洒向千峰秋叶丹。"山西省化工研究所在聚氨酯产业发展的各个阶段，无不展现出碧血丹心的爱国之情、舍我其谁的报国之志，在时代洪流中用行动诠释着产业报国的初心和使命。

20 世纪 80 年代初，改革开放赋予中华大地新的生机和活力。在军用转民用的发展大潮下，一大批创新技术开始在民用领域大放光彩。山西省化工研究所研发的聚氨酯胶辊和聚氨酯筛板，在其中就具有代表意义。

事实上，最初开始探索聚氨酯弹性体在工业和百姓生活领域的应用时，山西省化工研究所的聚氨酯人并不十分清楚聚氨酯弹性体这一身的优异性能可以在哪些领域一展身手。但多年的科研经验和文献积累，让他们得以迅速调整工作方式，从被动接受科研生产任务，转变为主动贴合市场需求。1984 年，一件来自日本的新鲜物来到了山西省化工研究所，一进厂就引起了全体职工的围观。这就是国内引进的第一台浇注机。有了这台机器，山西省化工研究所的主攻产品、聚氨酯弹性体产品体系中最重要的 CPU 体系，就有了从实验室走向产业化制造的桥梁。这是山西省化工研究所迈出的引领行业发展的重要一步。此后，山西省化工研究所聚氨酯人将大把的精力放在了寻找更大的应用市场上。他们最先瞄准的，便是钢铁、印染、煤炭等行业被国外"卡脖子"的聚氨酯胶辊和聚氨酯筛板。

钢铁、煤炭是工业发展的重要基础，也是我国改革开放之后率先发力的领域。但无论是冷轧不锈钢用的胶辊，还是煤炭洗选用的筛板，只要是涉及聚氨酯材料，我国都要全部依赖进口。这意味着什么呢？不妨先看一组数字：1989 年，煤炭洗选用的一块 2.4 米 × 1.2 米大的聚氨酯筛板，进口报价高达 1.2 万余元，且使用寿命仅半年，成本之高令人咋舌！

为了实现这一产品的国产替代，山西省化工研究所的领导带领全体科研工作者，从材料、规格、成本到生产，一步步咬牙攻关。为了不受原料聚四氢呋喃依赖进口的限制，他们凭借多年知识积累，寻找适合我国市场实际情况的产品，最终不仅实现了同类产品的国产化，还在原料和生产工艺上进行了大胆创新，用聚酯型产品代替聚醚型产品，将产品成本降低了一半以上。经过应用试验，在最恶劣的工况下，这一创新产品的实际使用寿命达到一年多，性能远超国外产品。

小部件发挥大能量，聚氨酯筛板的国产化给全国洗选行业带来了一次材料技术革命。凭借良好的性能和低廉的价格，聚氨酯筛板迅速席卷洗选行业。直到现在，国内洗选行业所用的筛板仍然以山西省化工研究所开发的聚氨酯材料为主。山西省化工研究所像一辆注满了能量的火车，从此一路狂奔，与快速发展的中国工业一道，迎来了改革开放之后最激荡人心的曙光。时光荏苒，30 年后的今天，我国各类聚氨酯胶辊和筛板产品早已琳琅满目，聚氨酯产品年产量也超过了千万吨。虽然很少有人提起那段艰苦岁月，但历史永远不会忘记书写它的人。

在如今的山西省化工研究所的档案室中，存放着他们赫赫战功的证明——全国科学大会奖、国家级新产品奖、山西省科技成果奖、煤炭部科技进步奖、化工部科技奖、水电部科技奖……这一排排军功章，饱含着 50 多年来一代代山化所人的深情和汗水，更是山化所在我国聚氨酯产业发展史上留下的浓墨重彩的一笔。

（三）

迈入新时代，新材料点燃了全球技术创新、产业创新，乃至整个工业革命的天空，成为支撑人类文明向前发展的强大力量。而一代人的奋斗，也推动了一个产业的狂欢。上一辈科研人夯实的地基，成就了如今我国聚氨酯产业百花齐放的盛世——各类聚氨酯材料不断更新换代，全方位融入了煤炭、钢铁、建材、化工、交通等诸多领域。

迎着新时代的春风，山西省化工研究所的科研人开启新征程。2008 年和 2014 年，山西省化工研究所分别成立了山西科通化工有限公司和山西科瀛科技有限公司，市场化、产业化的步伐更加坚实有力。他们跟随市场需求的指挥，用技术创新的音符，奏响了一篇篇新时代聚氨酯材料的华丽乐章。

第一篇乐章，便是轨道交通用高分子阻尼材料。他们研发的这类双组分室温固化聚氨酯材料，主要用于嵌入式轨道交通系统，比如轻轨、地铁等。该种功能性材料可以发挥弹性好、耐磨性高的优点，完美代替金属扣件锁固钢轨，降低火车、地铁等通过时的震动和噪声，降低轮轨磨损，有效抑制波磨发展，延长轨道交通使用寿命。

第二篇乐章，是降解型聚氨酯产品体系。该产品填补国内空白，以水作为反应降解介质，避免了对环境的污染，而且降解后得到的聚氨酯原料经过加工处理后能够重复使用，将逐步取代原有聚氨酯弹性体产品，大大减少现存市场产品寿命到期后处理时对于环境的污染，实现可持续发展，扩展聚氨酯材料的适用范围，促进聚氨酯产业的整体发展。

第三篇乐章，是装配式大伸缩量聚氨酯无缝伸缩缝。该伸缩缝主要采用聚氨酯材料填充缝区，安装后路面没有明缝，行车舒适性好，同时，由于聚氨酯具有优异的耐磨、耐候、高弹性、高承载等特点，可以起到良好的降噪、防水效果，显著提高伸缩缝以及周边路面的使用寿命，是目前实现桥面无缝化的最佳解决方案。

像这样耀眼的创新亮点，如这般精彩的转型腾跃，在山西省化工研究所并不罕有。瞄准市场需求，深挖材料性能，是他们一直以来的特点，更是他们所擅长的方式。50年始终如一。除了传统的各类胶辊、筛板、密封材料，以及新突破的轨道交通锁固材料、公路填缝材料、降解型聚氨酯产品、桥梁加固组合料等，山西省化工研究所还在聚氨酯弹性体的其他应用领域持续不断地创新和探索。

目前，山西省化工研究所与卢秉恒院士工作站合作建立了3D打印材料及应用实验室，探索将聚氨酯材料用于3D打印领域，结合3D打印技术可定制化的优势和聚氨酯弹性体性能优异的特点，不断拓展聚氨酯应用场景。

永不停歇的创新脚步，永不熄灭的研发热情，一直引领山西省化工研究所走向更宽广的未来之路，目前，山西省化工研究所的营业收入已经由1986年的115万元增加到2018年的过亿元，科研和产业方向已经囊括了聚氨酯弹性材料、煤基聚合物改性技术及功能化助剂、特种橡胶和绿色轮胎功能化助剂、重金属捕集剂、新型药物等诸多种类，科研实力日益强大。其中，山西省化工研究所开发的各类功能化聚氨酯材料不仅在我国运载火箭、通信卫星、"神舟"飞船、"嫦娥"探月工程、"蛟龙"

号深潜器、新型鱼雷、防空导弹等航天国防方面作出了重要贡献，还在煤炭洗选运输、油田钻探、造纸、印刷、交通制造、电子器件、建筑设施、生物医学等领域得到了充分应用。

（四）

难忘的鎏金岁月，不变的创业激情。

纵观山西省化工研究所近 60 年的发展史，就是三代人从奠基到奋斗，再到创新的奉献史。他们勇于担当负责，积极主动作为，敢于直面挑战，把产业报国的初心和使命变成了全体科研工作者锐意进取、开拓创新的精气神，变成了埋头苦干、真抓实干的自觉行动，变成了研以致用、填补空白的科研成果，最终沉淀到骨子里，幻化成一种执着的奉献精神，成为山西省化工研究所的文化灵魂所在。

与一般企业追求创收不同的是，山西省化工研究所不仅追求经济效益，更追求行业效益、社会效益、国家效益；不仅创新开发了诸多聚氨酯弹性体材料，还奉献了许多行业发展必不可少的力量。

这奉献，是将产品知识汇聚成册，著书立说。1985 年，由山西省化工研究所编著的《聚氨酯弹性体》出版，这是我国聚氨酯行业第一本专业书籍，也是国内无数聚氨酯人的启蒙教材和研发必备手册。2002 年和 2012 年再版的《聚氨酯弹性体手册》，将更加完善和与时俱进的聚氨酯知识纳入其中，成为行业人士必读的著作。而作为全国聚氨酯信息总站，山西省化工研究所从 1972 年至今，先后组织编写了《聚氨酯情报资料》《聚氨酯译丛》《聚氨酯及其弹性体》等重要行业发展资料，对我国聚氨酯行业发展提供的价值，无法估量。

这奉献，是为行业输送大量优质人才。作为国内最早、最权威的聚氨酯弹性体研发单位，山西省化工研究所的科研工作者最先接触到聚氨酯弹性体生产技术。目前，我国这一领域的不少从业者还来源于此或师从于此。同时，山西省化工研究所还坚持创办人才培训班，围绕聚氨酯弹性体等方面的知识，为行业培养各类技术人才。

这奉献，还有甘当行业服务者。作为中国聚氨酯工业协会副理事长单位、中国聚氨酯工业协会弹性体专委会主任单位，山西省化工研究所还以服务企业、引领行业、协助政府为目标，在脱钩改革、市场化转型等过程中主动承担了多项服务聚氨酯弹性体行业的责任。正是一直以来的奉献精神，让他们不辞辛苦，定期组织召开聚氨酯弹性体全国性行业会议，为全行业交流最新前沿技术和产业趋势提供平台；让他们积极组建全国聚氨酯弹性体制品分析测试中心、山西省化工产品质量监督检验站等，为行业提供各类分析、鉴定服务；让他们起草制定多项行业标准及国家标准，为行业健康有序可持续发展夯实基础。

这奉献，凝聚了山西省化工研究所三代科研工作者成千上万人的青春和汗水，流淌进我国聚氨酯行业蓬勃发展的血液中，铸成了一个身强体健的聚氨酯大国，并不断推动着我国向聚氨酯强国进发。

开拓者奋斗的身影愈渐模糊，奉献者创新的足迹历久弥新。站在国家发展新的历史起点上，建设世界科技强国的进军号角已经吹响。未来的山西省化工研究所还将秉持科技工作者一贯的韧劲，奋力奔跑在创新和奉献的新征程上，成为我国聚氨酯天空上一颗永远闪耀的明星！

奥斯佳：谱写新时代化工新材料行业的华丽乐章

一、引言

在中国聚氨酯行业迎来 30 周年之际，奥斯佳材料科技作为该行业的佼佼者，以其独特的视角见证了这一行业的发展变迁。从初创时期的筚路蓝缕到如今的枝繁叶茂，奥斯佳的成长之路不仅是一部企业自身发展的编年史，更是中国聚氨酯行业蓬勃兴盛的缩影。

二、创立与发展（2010—2012 年）

奥斯佳，取自其英文名 OSiC。O、Si、C 三个元素，组成了奥斯佳的主要产品——聚氨酯用改性有机硅。随着奥斯佳的发展和壮大，OSiC 又被赋予了更多的文化内涵：

——O：Openness，开放；

——S：Sustainability，可持续发展；

——I：Innovation，创新；

——C：Compliance，诚信经营。

这"四字真言"，是奥斯佳在与跨国化企竞争中屹立不倒的法宝。在这其中，创新是企业的灵魂。奥斯佳的成功，首先得益于企业文化的成功。作为企业的掌舵人，董事长张浩明以国际化的视野、前瞻性的眼光，引领奥斯佳对标国际先进技术，瞄准一线品牌，走出一条以核心技术引领发展的道路。

从水性胶黏剂起步

奥斯佳材料科技成立于 2010 年，最初专注于水性胶黏剂的研发与销售。这一时期，公司凭借着对市场需求的敏锐洞察力，以及对环保趋势的前瞻性把握，在短短两年内便在市场上站稳了脚跟。当时，随着国家对环保要求的不断提高，传统的溶剂型胶黏剂逐渐退出市场，水性胶黏剂因其低 VOC（挥发性有机化合物）含量而受到广泛欢迎。奥斯佳抓住这一机遇，迅速推出了多款符合汽车及家私市场需求的产品，不仅满足了客户的环保需求，同时也为自身赢得了良好的口碑。

2012 年，奥斯佳上海工厂正式投产，标志着其正式迈入规模化生产的阶段。上海工厂的建立不仅提升了奥斯佳的生产能力，更重要的是，它为奥斯佳提供了更广阔的市场空间和发展机遇。这一年，张浩明又注册了一家贸易公司，进一步加强了奥斯佳在国内市场的布局，令奥斯佳能够更加灵活地调配资源，响应不同区域市场的需求变化。

"奥斯佳工厂顺利投产是我们公司这几年最为重要的事情。奥斯佳担负着我们自主研发的重任，是我们在聚氨酯行业的希望所在。党的十八大闭幕后，总书记在参观复兴之路时提到了中国梦，这个梦凝聚和寄托了几代中国人的夙愿。奥斯佳项目的投产让我们看到了梦想实现的可能，它将证明我们不仅能代理国外公司的优秀品牌，而且还能制造并销售一流的产品。过去是人家给我们卖什么我们就销售什么，而现在是我们希望销售什么就能找到什么，未来是客户需要什么我们就能提供什么。"2012 年，张浩明如是说。

技术创新初见成效

同年，奥斯佳开始着手研发聚氨酯添加剂和催化剂。这些产品的推出不仅填补了国内市场空白，也为公司后续发展奠定了坚实的技术基础。值得称道的是，奥斯佳在成立之初便确立了"科技引领未来"的发展战略，持续加大研发投入，确保其在技术上的领先地位。公司每年都将销售收入的一定比例用于研发活动，并且与多家高等院校和科研机构建立了紧密的合作关系，通过产学研结合的方式加快科技成果的转化速度。

三、成长与突破（2013—2016 年）

荣誉加身，实力显现

2013 年对于奥斯佳来说是收获颇丰的一年。这一年，公司不仅实现了盈利，而且成功开拓了东南亚市场。随后几年，奥斯佳又相继获得了多项荣誉认证，包括张家港市领军人才企业、江苏省"省双创"等称号，彰显了其行业影响力。这些荣誉的背后，是奥斯佳全体员工辛勤付出的结果，也是对公司长期以来坚持技术创新和品质管理的充分肯定。

国际视野，稳步前行

奥斯佳持续深化国内外市场布局，逐步扩大销售网络覆盖面。2014年，奥斯佳凭借出色的业绩表现赢得了业界的认可，并成为中国聚氨酯工业协会的副理事长单位。这不仅是对奥斯佳市场地位的肯定，更是对其未来发展前景的高度期待。与此同时，奥斯佳积极参与国际交流活动，如在美国举办的聚氨酯泡沫协会年会上展示最新研究成果，提升了品牌的国际知名度。

有感于此，张浩明在 2015 年新年致辞中说："心怀梦想，负重前行，在 2014 年的最后一天，我及奥斯佳的管理团队在工厂种下了两棵满载我们希望与幸福的柚子树，硕果累累将是我们共同的期盼。"

2016 年，奥斯佳荣获十二五中国石油和化工"优秀民营企业"，中国石化联合会的李会长对奥斯佳的期待是大胆地拥抱终端市场，作为小产品拥有高科技占有大市场，在有机硅这小微行业中，做到极致，做成尖端，成为小老大企业。这也正是奥斯佳的目标与愿景。

四、扩张与革新（2017—2020 年）

新项目落地，开启新篇章

2017 年，奥斯佳迎来了一个新的里程碑——张家港新项目的成功落地。该项目的启动不仅标志着奥斯佳生产能力的大幅提升，更为其未来的发展提供了强有力的支持。新工厂配备了最先进的生产设备和检测仪器，采用智能化生产线，大幅提高了生产效率和产品质量。同时，张家港工厂还特别注重环境保护，采用了多项节能减排措施，力求实现经济效益与社会效益的双赢。

同年，奥斯佳还当选为中国聚氨酯工业协会水性材料专委会会长单位，肩负起了推动行业进步的社会责任。在这个平台上，奥斯佳积极组织各类技术交流活动，邀请国内外专家学者分享前沿资讯，促进了行业内知识的传播和共享。此外，奥斯佳还利用自身的技术优势，帮助中小企业解决技术难题，推动整个产业链的协同发展。

奥斯佳的努力，也正契合了时代的脉动。在 2018 年的新年致辞中，张浩明激励大家：

"奋斗才幸福。总书记在新年致辞中讲：幸福都是奋斗出来的！我们更要砥砺奋进，继续努力。撸起袖子加油干，奋斗出自己的幸福、公司的昌盛！"

面对挑战，勇往直前

进入 2018 年，国际形势复杂多变，原材料价格波动加剧。然而，奥斯佳并未因此退缩，反而迎难而上，通过举办各类技术交流会议，加强与客户的沟通合作，共同应对市场变化带来的挑战。尤其在中美贸易战期间，奥斯佳坚持自主创新，不断优化产品结构，实现了逆势增长。公司领导层多次强调，越是困难时期，越要保持战略定力，坚定不移地走高质量发展道路。

2018 年 1 月，奥斯佳顺利打下了张家港新工厂的第一根桩。这是新的里程碑，是实现新愿景的坚强基石，它将引领奥斯佳走向更光辉的未来。

6 月，奥斯佳成功举办第四届水性科研技术交流大会，在中国聚氨酯工业协会的平台上彰显了公司的形象，也宣示了在水性行业取得更大进步的决心。

12 月，在广州的中国涂料展上，奥斯佳首次盛装登场，作为水性涂料解决方案的提供者，为这缤纷世界增色添彩。

同月，作为第三届汽车聚氨酯发泡材料技术交流大会主办单位，奥斯佳迈出了向汽车行业进军的步伐。

张浩明总结说："回望这一年，我们有了很多难忘的变化和开始了向新行业的延伸，也正因为这些变化和不断地尝试，才让我们在所从事的行业继续领跑。我们着眼小处，在细微处深耕勤挖，凭我们的努力，改写行业前进的方向！这是我们的决心！"

疫情下的坚守与突破

2020 年，突如其来的新冠疫情给全球经济带来了前所未有的冲击。面对困境，奥斯佳展现出极强的韧性和适应能力。不仅迅速调整经营策略，保障了供应链的稳定运行，还积极参与疫情防控工作，捐赠物资支援一线。这一年，奥斯佳不仅实现了销售业绩的增长，迎来了江苏工厂的正式投产，还成立了奥斯佳新材料技术研究（江苏）有限公司。研究院独立运营于工厂之外，夯实了奥斯佳的技术优势，助力公司寻求新的战略方向。公司一如既往地重视研发，通过持续的人力、财力投入来建立起技术堡垒，以保证公司在今后的竞争中立于不败之地。

疫情期间，奥斯佳采取了一系列措施来保证员工的安全与健康，包括实行远程办公、加强厂区卫生管理等。这些做法不仅有效防控了疫情传播，还提升了员工的凝聚力和归属感。与此同时，奥斯佳还利用自身的技术优势，开发出多款适用于防疫场景的新产品，如抗菌材料、消毒剂等，为抗击疫情作出了积极贡献。

在此期间，奥斯佳屡获殊荣，其中包括：张家港市保税区"转型升级示范"企业、江苏省高新技术企业培育库入库企业、江苏省科技企业上市培育计划入库企业、上海市松江区平安单位等。同时，公司相继建立起江苏省企业研究生工作站、张家港市环保型聚氨酯材料工程技术研究中心、苏州市环保型聚氨酯材料工程技术研究中心。奥斯佳稳扎稳打，一步一个脚印。

奥斯佳深知："做制造业没有捷径可走，因为从另一个角度来看，所有的捷径都是弯路，走过的捷径，需要花几倍的时间补回来。我们为努力而鼓掌，为结果而付报酬。"

五、卓越与展望（2021年至今）

产业升级，绿色发展

近年来，奥斯佳紧跟国家"双碳"目标的步伐，大力推广低碳环保型产品。2021年，奥斯佳提出了"迈向碳中和"的倡议，开发出一系列绿色环保低碳的聚氨酯高性能产品，在中国国际聚氨酯展览会上引领行业向绿色可持续方向迈进。公司通过引入循环经济理念，致力于减少生产过程中的能源消耗和废弃物排放，力求实现生产活动与自然环境的和谐共生。

同时，奥斯佳不断丰富其产品线，涵盖了聚氨酯添加剂、催化剂、涂料助剂、功能助剂、纺织助剂、电子化学品等多个领域，展现了多元化发展的决心。针对纺织行业，奥斯佳研发了一系列功能性纺织助剂，如柔软整理、防水透气等，大大提升了纺织品的附加值；而在电子化学品方面，奥斯佳则聚焦于 UV 光刻胶和 UV 减黏胶等，满足了电子产品小型化、轻量化的发展趋势；在涂料助剂方面，奥斯佳与欧洲知名企业 IGM 公司实现技术合作，双方强强联手，在涂料方面取得了多项创新突破成果。

行业影响，共创辉煌

2014—2024 这十年，我国聚氨酯行业获得了突飞猛进的发展与进步。在协会的支持与帮助下，奥斯佳从协会常务理事单位跻身副理事长单位；自担任协会水性专委会主任委员单位以来，奥斯佳每年承办水性技术大会暨青年论文竞赛，聚焦当前国际和国内水性化发展的热点与难点问题，邀请来自各大高校、院所和企业的水性行业的顶尖专家、技术人员和从业人员参会，积累下良好口碑与广泛影响力。

2023 年 12 月，中国聚氨酯工业协会专家委员会年会在奥斯佳召开，业内专家围绕"双碳背景下聚氨酯行业可持续发展"的议题展开研讨，助力行业绿色环保低碳发展。

近年来，奥斯佳斩获多项荣誉：苏州市示范特种有机硅智能生产车间、上海市松江区 G60 科创走廊一类重点扶持企业、上海市松江区"专精特新"企业、上海市松江区"绿色发展先进单位"、苏州市新型研发机构、江苏省高新技术企业、江苏省"专精特新"企业和上海市"专精特新"企业等。

社会责任，不忘初心

奥斯佳人深知，企业发展离不开社会各界的支持与厚爱。公司始终以履行社会责任为己任，积极参与公益活动，关注教育事业，致力于构建和谐社会。与上下游的合作伙伴一起，共同打造产业链所需的 TFS、ESG 等体系，以期成为更有担当的企业，更好地履行社会责任。

在环境保护方面，奥斯佳更是不遗余力。公司不仅在自身生产过程中严格执行环保标准，还积极倡导绿色消费理念，引导消费者选择更加环保的产品。通过一系列实际行动，奥斯佳不仅树立了良好的企业形象，也为推动全社会形成绿色生活方式做出了表率。

重视人才，修身齐家

人才的可持续是企业生存发展的重中之重。公司于 2021 年开始实行实习生计划，后续又开办了奥斯佳青年训练营，吸纳并培养公司的有为青年。奥斯佳的许多员工，已经陪伴着公司走过了十年甚至二十年，从青春，到不惑，跟随着公司的步伐不断成长进步，逐渐走向核心岗位，成为了中坚力量。而公司近几年的快速扩展，也吸纳了许多新鲜的血液，为公司不断提供新的活力与生命力。

奥斯佳一直秉持着"家"的文化，"身修而后家齐，家齐而后国治"。我认为这个家，是家天下的大家，是把我们的客户、朋友、合作伙伴、供应商及我们每一位曾经或者现在与我共事的同事，都当作家人一样看待和对待。

创新与发展

奥斯佳材料科技自成立以来，始终将科技创新作为企业发展的核心驱动力。截至目前，公司已获得授权专利超过 60 个，涵盖聚氨酯材料的关键领域，如催化剂、添加剂、发泡技术和环保新材料等。每年，奥斯佳投入上千万资金用于新产品研发，确保技术领先。新产品增长率超过 30%，这得益于公司对市场需求的精准把握和对技术趋势的敏锐洞察。奥斯佳拥有一支由博士及高级工程师带领的高素质的研发团队，与多家高校和科研机构紧密合作，通过产学研结合加速科技成果的转化。这些创新成果不仅在国内市场广受欢迎，还成功打入国际市场，为公司带来了丰厚的回报。

近几年的关键创新产品有：

（1）低气味、低醛、低 VOC 环保聚氨酯用金属络合物催化剂的研发及机理研究

奥斯佳在环保催化剂领域取得了显著成就，开发出的金属络合物催化剂具有低气味、低甲醛释放量和低 VOC 的特点。这些催化剂不仅满足了严格的环保标准，还能显著提高聚氨酯制品的性能，如增强柔韧性、耐磨性和耐老化性。通过深入研究催化剂的作用机理，奥斯佳进一步优化了配方，降低了生产成本，使得产品更具市场竞争力。

（2）低环体、低气味聚氨酯添加剂的研发及应用

在聚氨酯添加剂方面，奥斯佳致力于开发低环体、低气味的产品，以满足高端市场的需求。这类添加剂可以有效减少聚氨酯制品在加工和使用过程中产生的异味，提高消费者的使用体验。同时，通过控制环体的含量，还可以改善聚氨酯材料的力学性能，延长使用寿命。

（3）海绵床垫及汽车座椅用水性胶黏剂的研发及应用

针对海绵床垫和汽车座椅等行业需求，奥斯佳研发了专用的水性胶黏剂。这些胶黏剂不仅环保无毒，还具有优异的粘接强度和耐久性。在实际应用中，它们能够显著提高产品的质量和舒适度，受到了用户的广泛好评。

（4）水性涂料及胶黏剂用潜固化剂的研发及应用

潜固化剂是一种能够在常温下储存稳定的固化剂，使用时只需简单混合即可激活。奥斯佳开发的潜固化剂具有快速固化、低 VOC 排放等特点，适用于水性涂料和胶黏剂的生产。这种技术的应用不仅简化了生产工艺，还提高了生产效率。

（5）超临界 CO_2 发泡技术及工艺研究

超临界 CO_2 发泡技术是一种环保高效的发泡方法，奥斯佳在这方面进行了深入研究。通过优化工艺参数，如温度、压力等条件，奥斯佳成功实现了聚氨酯泡沫的均匀发泡。不仅提高了材料的密度和机械性能，而且有

助于降低能耗，减少有害物质的排放。

（6）聚氨酯发泡用生物基色浆的研发

生物基色浆是一种以天然资源为原料的环保色浆，奥斯佳在此领域取得了突破性进展。这种色浆不仅色彩鲜艳持久，而且具有良好的分散性和稳定性，适用于多种聚氨酯发泡制品。通过使用生物基色浆，可以有效减少传统有机染料对环境的影响。

（7）生物基壳聚糖改性有机硅的研发

壳聚糖是一种来源于甲壳素的天然高分子材料，具有良好的生物相容性和抗菌性。奥斯佳利用壳聚糖对有机硅进行改性，开发出了具有优异性能的复合材料。这类材料在医疗、食品包装等领域有着广泛的应用前景。

（8）低导热系数硬泡硅油的研发

低导热系数硬泡硅油是奥斯佳针对节能保温需求开发的一种新材料。通过优化分子结构和生产工艺，奥斯佳成功制备了导热系数极低的硬泡硅油。可以显著提高建筑和家电产品的保温效果，有助于节能减排。

未来与展望

奥斯佳正在筹备建设"中国聚氨酯工业协会助剂可持续发展工程技术中心"，根据我国"十四五"规划和2035年远景目标，积极参与"双循环"，助力实现碳达峰和碳中和远景目标，大力实施创新驱动和绿色可持续发展战略，以国家产业政策为指导，以市场需求为导向，加大科研投入，大力引进高端技术人才，建设管理体系完善、研发设计水平较高、制造工艺先进、科技成果转化突出的工程技术研究中心，持续进行研究开发和成果转化，秉承开放合作共赢的理念，充分发挥技术研发优势，进一步增强企业国内外市场竞争力，推动我国聚氨酯材料行业的科技进步和新产品的可持续发展，全面提升聚氨酯行业的技术水平。

六、结语

回顾过去，奥斯佳凭借不懈的努力与追求，书写了一段段辉煌的历史篇章。从开发水性胶黏剂起步，到如今成为聚氨酯行业的领军者，奥斯佳用实际行动诠释了"科技改变生活"的理念。展望未来，奥斯佳将继续秉承"科技创新、品质至上、诚信服务、共同发展"的经营理念，携手广大客户与合作伙伴，共同谱写新时代化工新材料行业的华丽乐章！

"我们一直坚信，总有一种力量，永远闪烁着穿透岁月的光芒。这力量，源于我们虽志存高远却脚踏实地；这力量，就是我们汇聚一个个小目标而终将成就的大目标。这力量迸发出的光芒，让我们的梦想有未来，而不流于空想；让我们的情怀有依归，而不耽于感伤。这光芒，永远为我们指引着前进的方向。"

长华化学：创新绘就绿色未来

"沙洲白鹭舞翩跹，江水悠悠映碧天"，在中国东部，有一座城市，犹如一颗璀璨的明珠，镶嵌于长江之畔。张家港，不仅承载着千年的文化底蕴，更以开放包容的胸怀，挺立在中国经济高质量发展的最前沿。这座身处沿海和长江两大经济开发带交汇处的新兴港口工业城市，正以冶金新材料、智能装备、化工新材料、高端纺织为翼，翱翔于新时代的蓝天。

2010年，在这片充满希望的土地上，长华化学科技股份有限公司（以下简称"长华化学"）横空出世。

启航：梦想与使命同行

自诞生之日起，长华化学便秉持着"推动低碳经济，引领科技化工，让人类享受健康舒适的美好生活"的崇高使命，以"为客户的成功进行创新"为核心价值观，致力于通过提升产品技术性能、生产工艺水平和生产效率，砥砺前行，不断攀登科技的高峰，回应时代的呼唤。

材料与终端的消费紧密相连，当今时代消费者的绿色需求，推动制造商应用更可持续、更环保的原材料与工艺。面对全球绿色消费的趋势，长华化学勇立潮头，成为聚醚多元醇行业绿色发展的领航者。

2012年6月，长华化学将融入低VOC、低残留环保理念的聚醚产品推向市场。由于消费者对健康与环保意识日益增强，长华化学的低 VOC、低残留聚醚产品迅速赢得了市场的广泛认可与青睐，成功矗立于行业潮头，引领着整个行业向更加绿色、更可持续的方向发展。

2017 年 6 月，长华化学完成了股份制改革的华丽蜕变，正式更名为长华化学科技股份有限公司。这一变革，是长华化学迈向新发展阶段的重要里程碑，为企业的长远发展奠定了坚实基础。

2018 年 6 月，长华化学聚醚二期装置顺利投产，年产能达到 18.5 万吨。这一数字的背后，是公司对市场需求的精准把握、对生产技术的不断创新以及对产品质量的严格把控。新增的产能将有效缓解市场对高品质聚醚产品的迫切需求，为下游产业链的稳定供应提供有力保障。这不仅标志着长华化学在扩大生产规模、提升产能方面迈出了坚实的一步，更彰显了公司在聚醚产品领域的技术实力与市场竞争力。

2021 年 11 月，长华化学年产 3.5 万吨低气味、低 VOC 聚醚装置投产，不仅为汽车行业的绿色转型注入了强劲的动力，而且受到下游客户的广泛好评，拥有较高的市场占有率，体现出公司聚醚产品具备优良的品质。

创新：绿色浪潮中的领航者

近年来，全球应对气候变化压力与日俱增，与此同时，中国聚醚多元醇年产能也在持续扩张，然而产能利用率均只有六成，行业低碳升级的机遇与挑战并存。

长华化学深知，创新是生命之树常青的源泉，是引领行业迈向更高境界的灯塔。长华化学以技术创新为引领，不断突破自我，攀登科技高峰。特别是在"双碳"目标的指引下，长华化学更是积极响应国家号召，致力于低碳环保技术的研发与应用，为行业树立了绿色发展的标杆。

2022 年 6 月，长华化学启动二氧化碳聚醚项目，这是长华化学技术创新的又一里程碑。该生产工艺可以灵活实现二氧化碳的合成量，以满足聚氨酯下游应用市场的不同需求，不仅利于实现减少全球温室气体，也将助力国家"双碳"目标的实现，并能为下游行业应用提供绿色发展机遇。

2023 年 8 月，长华化学在深交所上市，开启了企业发展的新篇章。站在新的起点上，长华化学在资本的助力下，继续以研发创新为驱动，加大投入力度，提高市场份额，实现企业推动绿色可持续发展战略目标和规划，使公司成为一家客户信赖、员工自豪、股东满意、社会尊重的优秀上市企业。

同年，长华化学年产 18 万吨 POP 项目顺利投产。新项目在产品技术、工艺装备、能效环保上进行了全面升级，不仅使公司聚醚总产能跃升至 44 万吨，更以超低气味、VOC、超低残留的 POP 产品，为市场带来了绿色新风。Carnol® P920 等创新产品的问世，更是为行业带来了革命性的变革，彰显了长华化学在技术创新领域的领先地位。

与此同时，长华化学科技（连云港）有限公司应运而生。作为长华全资子公司，它承载着行业打造二氧化碳基产品超级工厂的梦想，致力于为客户提供低碳环保的解决方案，深刻践行"绿水青山就是金山银山"的理念。

2024 年 6 月，长华化学二氧化碳聚醚及高性能多元醇项目在连云港徐圩新区举行奠基仪式。该项目总投资约 58 亿元，占地面积约 659 亩，一期包括年产 8 万吨二氧化碳聚醚装置、30 万吨聚醚多元醇装置、36 万吨聚合物聚醚多元醇装置及 800 吨催化剂装置。

此次启动的二氧化碳聚醚及高性能聚醚多元醇项目是长华化学在绿色环保与可持续发展战略上的重要举措。长华化学秉承低碳可持续发展的理念，致力于成为聚氨酯行业的创新"加速器"，为推动整个聚氨酯产业链的绿色可持续发展而不懈努力。

攀登：技术高峰孜孜以求

从最初的聚醚多元醇生产，到低 VOC、低残留产品的问世，再到二氧化碳聚醚工艺的颠覆性突破，长华化学始终站在聚氨酯行业发展的前沿，以技术创新为驱动，不断推动聚氨酯材料的绿色化、高性能化进程。

长华研究院下设有催化剂研究所、聚醚合成研究所、特种聚醚合成研究所、交通工具材料聚醚应用所、消费品材料聚醚应用所共 5 个部门，现有研发人员 40 人，其中博士学历 1 人，高级职称 5 人。另外，公司广泛与高校、先进的技术公司开展技术合作，例如与南京工业大学共建"江苏省企业研究生工作站"、与苏州大学共建"离子液产业技术研究院"。截至目前，公司参与 2 项国家标准、1 项行业标准的制定，拥有专利证书 50 余个，多个产品获"江苏省新产品"鉴定证书。公司先后获得"国家高新技术企业""国家级专精特新'小巨人'企业""江苏省互联网标杆企业""江苏省绿色工厂""江苏省智能示范车间""江苏省星级上云五星级企业"等荣誉称号。公司聚合物多元醇获评"苏州市名牌产品"，长华品牌获评"江苏省高知名商标"。

随着时间的推移，长华化学的足迹逐渐遍布汽车、软体家具、鞋服等多个领域。在汽车领域，长华化学与一汽大众、广汽本田等知名品牌携手共进，共同谱写了汽车行业的辉煌篇章；在软体家具领域，它与顾家家居、芝华仕等知名品牌紧密合作，为人们打造一个个温馨舒适的家居环境；在鞋服领域，它更是与 NIKE、adidas 等国际品牌并肩前行，将创新产品带到千家万户，让每个人都能在生活中的方方面面感受到长华化学带来的美好与改变。

2023 年 9 月，一个具有里程碑意义的时刻来临——年产 18 万吨聚合物多元醇产线成功扩建。这意味着长华化学在产能上实现了质的飞跃，更在产品质量上达到了行业领先水平。在成功的辉煌背后，隐藏着长华人无数个日夜默默耕耘的身影。客户的广泛赞誉，也验证了他们的辛勤付出与不懈努力。

展望：实现全球战略拓展

我国聚醚行业已进入高质量发展时期，国家陆续出台政策，在行业内部分企业扩产的同时，淘汰落后的高能耗、高污染的产能、生产工艺和生产装置，低端产品以及产能利用率较低的产品逐渐退出市场，使得具有清洁环保生产工艺和领先研发实力的企业脱颖而出。聚醚行业集中度逐步提高，长华化学作为在生产工艺、产品配方等方面有创新技术的高端聚醚企业，将持续保持竞争优势。

聚醚多元醇作为重要的聚氨酯原料，行业发展与宏观环境变化息息相关，宏观经济的发展直接决定着行业发展的景气度。我国居民生活方式及消费结构逐渐改变，为相关产业快速发展注入了强劲动力。随着消费者对高品质生活的追求，聚醚下游软体家具由于具有更高的舒适性要求，成为消费升级的重要发展方向。消费者对软体家具产品的需求已逐步从原先的满足型消费向享受型消费转变，居民消费水平升级将带动聚醚下游产品需求提升。公司将打造全球聚合物多元醇领先品牌作为战略目标，始终倡导绿色低碳可持续发展，中长期将聚焦于二氧化碳聚醚及高性能多元醇重点产品的项目投资，通过领先技术和卓越管理，不断降低自身核心生产运营和相关价值链的碳排放强度。

未来，在国内市场上，公司将重点巩固以二氧化碳和生物基为核心的技术优势、提高研发能力、优化产品结构、促进研发成果产业化、扩大销售规模、提高市场占有率。

随着全球化战略的深入实施，长华品牌逐渐在东南亚、中东非等国家崭露头角，成为当地市场上备受瞩目的绿色化工品牌。小品种高附加值产品的增长以及海外业务的蓬勃发展，为长华化学注入了新的活力与动力，让它在国际舞台上绽放出了更加耀眼的光芒。在国际市场上，公司将充分利用多年来积累的产品质量优势、技术研发优势等市场竞争优势，进一步开拓全球海外市场，争取产品出口量实现稳健增长，同时形成品牌效应，与更多具备国际影响力的大公司合作，成为全球聚醚市场的知名企业。

　　站在新的起点上，长华化学将以更加坚定的步伐，继续追寻科技创新的梦想。依托强大的研发实力和深厚的技术积累，长华化学将不断推出更多高性能、绿色环保的聚氨酯材料产品，为汽车、软体家具、鞋服等多个领域提供更加优质的解决方案。同时，长华化学将积极响应国家"双碳"政策，加大低碳环保技术的研发与应用力度，为实现人与自然的和谐共生贡献更多的智慧与力量。在未来的征途中，长华化学将携手各界伙伴，共同绘制出一幅幅绚丽多彩的绿色发展画卷，让人类的美好生活因长华化学而更加精彩！

飞龙腾飞

温州，中国改革开放的先行区、中国民营经济的先发地。

在浩瀚的民营经济大潮中，有一家温州企业如同一条巨龙，在聚氨酯设备领域突出重围、腾空而起，它就是温州飞龙聚氨酯设备工程有限公司。

从成功研发出聚氨酯鞋底、弹性体设备起步，20多年来，在董事长张春锦的带领下，飞龙公司以科技创新为翼，以工匠精神为骨，书写了一部从蹒跚学步到翱翔天际的壮丽史诗，成为中国聚氨酯设备行业的领军企业，打破了行业装备基本靠进口的局面，为我国化工设备行业打造民族品牌作出了突出贡献。

张春锦在温州所写的"飞龙"故事，既是一部生动的创业创新史，也是一部民族聚氨酯设备企业的发展史，写满了民营经济波澜壮阔的奋斗历程，回荡着民营企业家实业报国的赤胆深情。

创业：填补多项空白

1986年的中国，聚氨酯设备行业尚是一片未被探索的广袤荒原，而正是在这片未知的土地上，张春锦以他的智慧与勇气，书写了一段传奇。

这位出身福建闽东山区、毕业于厦门水产学院机械专业的工程师，凭借对技术的无限热爱与执着追求，毅然踏入了这个未知的领域。

当时，张春锦毕业后分配到一家国企工作。他积极响应政府号召，利用周末时间，在一家设备厂当起了兼职工程师。

1987 年，一张来自展销会的照片，打开了张春锦新世界的大门，引领他走上了聚氨酯设备的研发之路。

这家设备厂老板问张春锦能不能研发一个生产鞋底的聚氨酯设备。当时全国鲜有企业了解聚氨酯材料，聚氨酯设备更是全部进口。这种德国产的设备，进口价格高达八百多万元，一般企业只能望而却步。

面对国内几乎空白的行业现状，张春锦没有退缩，而是凭借一股不服输的劲头，一头扎进车间，夜以继日地画图纸、做实验，最终成功研发出国产聚氨酯鞋机生产线。这一创举不仅填补了空白，更为他日后的辉煌奠定了坚实的基础。

1989 年，张春锦再次捕捉到行业的脉搏。当他得知东北某聚氨酯制品厂引进了日本最新设备后，他敏锐地意识到，这将是推动中国聚氨酯设备行业向前迈进的重要契机。通过不懈努力，仅凭一张搅拌头上的手绘零件草图，他又成功设计出了国产弹性体设备，实现了从模仿到创新的飞跃。

就这样，张春锦和聚氨酯行业结下了不解之缘。

在国企工作近二十载，张春锦的心中始终燃烧着创业的火焰，决心在聚氨酯设备行业开辟一番新天地。1999 年，他毅然决然地递交了辞呈，踏上了自主创业的道路。面对资金短缺的困境，他东拼西凑，终于筹集到 50 万元，创立了属于自己的公司。

创业初期，挑战接踵而至，长达数月的业务空白让他倍感压力，但他并未放弃。终于，在 2001 年的春天，公司迎来了第一缕曙光。一位朋友给了张春锦充分信任，提出了设备需求。张春锦不负众望，很快成功设计出聚氨酯浇注机，这不仅是他个人能力的展现，更是公司发展的重要转折点。

随着钢铁产业的蓬勃发展，张春锦的聚氨酯设备迅速在全国各大钢厂站稳脚跟，首钢、宝钢、本钢、鞍钢等知名企业纷纷采用他的产品，公司很快偿还了所有借款，步入了发展的快车道。

企业站稳脚跟后，张春锦并未停下脚步，而是将目光投向了更远的未来。他带领公司专注于聚氨酯机械及其成套设备的研发、生产和销售，不断优化产品结构，提升技术实力。2003 年，公司正式更名为温州飞龙聚氨酯设备工程有限公司，寓意企业如飞龙般腾空而起，翱翔于聚氨酯设备行业的蓝天之上。

创新：成为行业标杆

在聚氨酯行业中，各种聚氨酯新产品新应用的诞生，往往离不开特定的设备。而每一次新设备的研发，都是对知识与技术的极限挑战，也是创新能力的一次次飞跃。

作为"飞龙"的掌舵者，在公司成立初期，张春锦就明确了公司的发展方向和管理理念，就是强调"效率、效果、效益"——"三效"，以及"技术创新、产品创新、管理创新、市场创新"——"四个创新"。

面对医疗器械、军工、汽车、化肥等多元化领域设备"量身定制"的需求，张春锦作为聚氨酯装备领域的先驱，带领飞龙团队不断探索未知，以坚持不懈的创新精神，照亮了中国聚氨酯设备前行的道路。

飞龙自成立以来，便将技术研发视为生命线，每年不惜重金，将营业额的 8%—12% 投入科研领域，这一举措不仅彰显了飞龙对未来的远见卓识，更奠定了其在行业内的技术领先地位。飞龙坚持走自主研发之路，拒绝简单模仿，从高分子材料的本质出发，自主研发出拥有完全自主知识产权的聚氨酯生产全套装备，填补了国内外多项技术空白，为中国制造赢得了世界的尊重。

公司深知合作的力量，与国内外顶尖化工研发机构及材料巨头，如黎明化工研究院、四川大学、北京化工大学、万华化学、德国巴斯夫等，建立了长期稳定的战略合作关系，确保技术研发始终处于国际前沿，为生产高质量聚氨酯机械设备提供了坚实的技术后盾。

2015 年，飞龙携手全球化工巨头德国巴斯夫，在合成革领域开启了环保材料的革命性探索。张春锦亲自挂帅，带领团队攻坚克难，成功研发出"全自动无溶剂合成革专用涂布机"，彻底解决了合成革生产中的环保难题。目前该设备已销售 70 余台套，基本覆盖国内所有知名或大型合成革工厂，销售额 3000 多万元，打破了原有设备只能进口的束缚，由于该设备在国内的售价基本上只有进口设备的 30%，相当于节约了上亿元的外汇。该设备已使用聚氨酯树脂 5000 余吨，累计生产制造合成革两千多万米，相当于避免了 5000 余吨的环境污染溶剂 DMF 的使用，大大减少了合成革生产制造过程的污染问题。最终的成品革也通过了欧盟的检测，达到了真正的零溶剂残留，引领了行业绿色发展的新风尚。

同样在 2015 年，飞龙公司迎来了科研发展的新篇章——与中国工程院李俊贤院士及其团队携手，成立了温州飞龙聚氨酯设备工程有限公司院士专家工作站。这一合作不仅加速了科研成果的转化，更催生了《2×12m 超宽幅胶辊无膜浇注专业成套设备》等一系列创新产品的诞生，其中多项成果已通过省级验收，彰显了飞龙公司在技术创新方面的非凡实力。

从"高温节能型聚氨酯弹性体浇注机"到"三维数控聚氨酯异形密封条浇注成套设备"，再到"全自动无溶剂合成革专用涂布机"，飞龙公司的每一次技术创新，都赢得了业界的广泛赞誉和认可。而"双组分胶现场反应式交通轨道填缝专用浇注机"的成功研发与应用，更是展现了飞龙在轨道交通领域的深厚底蕴和前瞻视野。

如今，飞龙的产品已遍布全国各大钢厂、矿山、胶辊厂及合成革厂，成为推动行业发展的重要力量。公司拥有数十项发明专利、实用新型专利及软件著作权，多项省级工业新产品和市级首台套认证，更在尼龙浇注设备、免充气轮胎、RIM 高压反应注射机等国际一线技术领域取得了突破性进展，实现了从依赖进口到自主创新的华丽转身。

升级：擦亮金字招牌

在温州这片充满活力的土地上，飞龙公司历经二十余年风雨洗礼，已巍然屹立于聚氨酯设备行业的巅峰。这家企业，不仅会聚了国内最早一批深耕聚氨酯设备研发的精英团队，并拥有自己核心技术及多项国家专利，是国家级高新技术企业、中国聚氨酯工业协会聚氨酯装备专业委员会的主任单位、中国科学院上海国家技术转移中心合作单位、科技部国家反应注射成型工程技术研究中心装备工程技术分中心。

如今，飞龙公司每年都有三四个省级工业新产品获批立项，迸发出强劲的科技创新动能。其背后，是一支集研发、生产、销售精英于一体的专业团队，年产量稳健跨越至三百余台套高端聚氨酯设备，不仅为诸如中国南车、比亚迪汽车、上海宝钢、北京首钢等国内巨擘提供坚实支撑，更以卓越品质跨越国界，远销全球二十多个国家和地区，改写了中国聚氨酯行业设备长期依赖进口的历史。

飞龙公司之所以能在众多挑战中脱颖而出，离不开其深厚的技术底蕴和服务意识。每当行业难题浮现，客户总将目光投向这里，因为飞龙不仅是创新的代名词，更是解决问题的专家。曾有一家军工企业，面对聚氨酯产品计量精度近乎苛刻的要求，飞龙公司技术总监张春锦亲自挂帅，率领研发团队，将液压系统的精密理论与实战经验巧妙融合，历经无数次调试与优化，最终突破技术瓶颈，为国家安全做出了不可磨灭的贡献。

在追求技术革新的同时，飞龙公司亦不忘企业管理的现代化转型，通过引入先进的管理理念，构建完善的组织架构与规章制度，将"飞龙"品牌打造成为国内外知名的金字招牌。

面对日益激烈的市场竞争，张春锦深知人才是企业发展的核心动力。他不断加大人才引进力度，特别是在机械设计、工业软件编程、自动化智能化等领域，积极招募高学历、高素质的专业人才，并为他们打造一流的科研环境和舒适的生活条件，构建了一支强大的科研团队，为飞龙的持续创新提供了坚实的支撑。

值得一提的是，张春锦深知标准对于行业发展的重要性。在公司成立之初，他便着手制定企业标准，并成功获得温州市标准化局的认可。随后，他更是积极推动行业标准的制定工作，将飞龙的标准上升为浙江制造团体标准乃至更高层次的行业标准、国家标准，为推动我国聚氨酯设备行业的规范化、标准化发展贡献了重要力量。

深耕聚氨酯设备 30 年，取得了沉甸甸的成果与荣誉，张春锦却始终保持着一颗谦逊而坚定的心。他深知，创新是引领发展的第一动力。他强调："我们要不断攀登技术高峰，研发出更加先进的高端聚氨酯设备，为国防工业、航空航天、海洋工程乃至 3D 打印等前沿科技领域提供专属解决方案，这是飞龙人矢志不渝的追求。"

回望过去，飞龙公司的发展历程是一部充满挑战与辉煌的史诗；展望未来，站在新的历史交汇点上，飞龙人满怀信心与决心，将继续秉持初心，精准施策，不断创新，以更加昂扬的姿态，不断攀登科技高峰，为中国乃至全球的聚氨酯设备制造行业书写更加灿烂的篇章。

鹤城科技：匠心之光　铸就卓越

自 2009 年诞生以来，上海鹤城高分子科技有限公司以聚氨酯预聚体（CPU）及其衍生物为核心，深耕新材料领域，用专注与匠心铺就了一条不凡之路，绘就了一幅幅创新驱动、高质量发展的壮丽画卷。

鹤城科技坐落于上海市松江区泖港镇都市型工业园，这片创业沃土，见证了公司从蹒跚学步到健步如飞的辉煌历程。秉持"专心致志，精益求精，追求卓越，奋斗创新"的企业精神，鹤城科技自创立之初，便怀揣着做强中国聚氨酯新材料的伟大梦想，在中国浇注型聚氨酯预聚物及浇注型弹性体领域披荆斩棘，开辟出一条独具特色的创新之路。公司构建起集聚氨酯及其衍生物、精细化工产品合作开发、定制生产、技术服务于一体的综合体系，实现了聚氨酯产业链的紧密覆盖与高效协同，为行业树立了标杆。

国家级高新技术企业、上海市科技小巨人培育企业、专精特新企业、专利工作试点企业……如今，鹤城科技已有多重荣誉加冕，凭借匠人匠心的精神和自身过硬的科技研发团队，不断引领企业科技创新，在行业内享有盛誉，逐渐成为中国聚氨酯行业一颗耀眼的新星。

筚路蓝缕，创业维艰

时光回溯至 2009 年，那是鹤城科技初创的峥嵘岁月。在这片充满未知与挑战的土地上，一群怀揣梦想的创业者踏上了征途。创业之路，何其艰辛！资金短缺、场地匮乏、设备简陋、人手紧张，更有市场对新生力量的质疑与冷漠，每一道难关都如同磐石般横亘在前。

怀着对家乡齐齐哈尔的深厚感情，2009 年，董雨磊和合作伙伴共同注册成立了上海鹤城高分子科技有限公司，在上海泖港开始了创业，完成了从东北国企职工到上海创业者的蜕变。

作为领航者，董雨磊借遍亲朋好友，凑得 25 万元启动资金，犹如星火燎原，点燃了鹤城科技的希望之灯。没有流动资金，便千方百计争取银行贷款；没有宽敞明亮的厂房，便在偏远的角落租下 800 平方米的空间，夏日挥汗如雨，冬日湿冷难耐，简陋的办公环境却孕育着不凡的梦想。初创团队成员纷纷身兼数职，从技术研发到车间操作，从销售推广到售后服务，他们用汗水与智慧，编织着鹤城科技的未来。研发没时间，研发人员就通宵达旦地试验调配、检测验证、定型生产。产品没销路，销售人员就夜以继日地跑市场、拜访客户。装货没设备，数百桶、数百吨的货就靠手提肩扛实现产品装车。公司没效益，几位创业者为了企业运转，每人每月只领 2500 元的生活费，啃馒头、喝凉水、就咸菜成为日常，而这一干就是 3 年之久。

然而，命运似乎总爱捉弄勇者。鹤城科技成立没多久，金融危机如暴风骤雨般袭来，全球经济陷入低迷，鹤城科技连续三年亏损。但正是这段艰难岁月，铸就了鹤城人不屈不挠的精神。他们坚定信念，逆境求变，在磨砺中找到了发展的金钥匙——只有科技创新才能在云谲波诡的市场中拥有永葆青春的生命力，只有高精尖的科技产品才具有强劲的竞争力。

2011 年，公司研发团队在体育器材领域不断突破创新，体育器材包胶产品的横空出世，不仅赢得了全国市场 60% 以上的份额，更让鹤城科技实现了利润的飞跃，成功跨越了"企业生存"的第一道门槛。

稳中求进，蓄势待发

进入 2012 年，鹤城科技迎来了腾飞的黄金时期。在党的政策引领和行业领导的支持下，公司技术水平、研发能力和生产能力实现了质的飞跃。产量、销量、新产品研发投产均以惊人的速度增长。优秀的合作伙伴、卓越的产品质量、周到的服务以及光伏新技术领域的突破，为公司开启了"企业发展"的第二春。鹤城科技，如凤凰涅槃，展翅翱翔于聚氨酯产业的蓝天之下。

在政策的支持下，中国光伏产业迎来了发展黄金期，多晶硅切割、太阳能切片等光伏配套市场生机勃勃。开发生产光伏包胶多线切割辊用高端聚氨酯预聚体，是鹤城公司捞到的第二桶金。

当时一个胶辊的价格高达 1.5 万元，其中需要预聚体大约 6 千克，国内鲜有企业涉足这一领域。鹤城科技捷足先登，与一家外企开始了供货合作。

可观的利润、巨大的市场，也吸引了国外同行的目光。很快，就有外企开出延期收款等诸多优惠条件，与鹤城科技同台竞技。

当时，光伏客户对产品的质量要求近乎苛刻，要求制品在高温高湿条件下 24 小时连续工作 15 天，国内很多材料和企业产品都满足不了。但鹤城科技凭借过硬的质量和完善的服务，产品质量已经可以与发达国家企业相媲美，在这个长期为进口产品所垄断的领域站稳了脚跟。

此后，鹤城科技又进军汽车生产线低速轮领域，开发高端 NDI 预聚体等新产品，得到了下游客户的充分肯定。在国外市场开拓过程中，鹤城科技的新产品应用也层出不穷，如大量出口巴西的聚氨酯预聚体眼镜膜、附在高回弹记忆枕上的聚氨酯凝胶等；无模旋转浇注型聚氨酯预聚体 8—12 秒即可固化，30 分钟即可出成品，可以用于生产大型胶辊，同时有效地节省了成本。

凤凰涅槃，展翅高飞

经过几年的飞速发展，鹤城科技不断壮大，资金充裕、人员齐备、技术领先，部分细分领域产品实现行业领先，为企业发展奠定坚实基础，展现出稳步上升的良好势头。

面对日新月异的时代挑战与机遇，鹤城科技的科研精英们勇立潮头，以无畏的科研精神，不断加大科技攻关力度，推动企业实现可持续发展。他们深知，人才为创新之魂。鹤城科技秉持"待遇为基，真心为桥，事业为帆，环境为壤"的人才战略，精心编织了一张张温暖的关怀之网，成为员工心中最坚实的后盾。通过实施"传、帮、带"的人才培养模式，不仅激发了业务技术骨干的潜能，更在公司内部营造了一种积极向上、共同成长的良好氛围，构筑了吸引并留住顶尖人才的强大磁场。

为进一步拓宽人才来源，鹤城科技积极与国内外知名高校携手，如东华大学、桂林航天工业学院等，开展深度产学研合作，并成立上海专家工作站，为公司的创新发展注入了源源不断的智慧与活力，孕育出一批批行业内的佼佼者。

在技术研发的征途上，鹤城科技更是敢于啃硬骨头，勇于攀登科技高峰。公司不惜重金引进高精尖的实验、检测与生产装备，采用智能化、精准化的操作手段，加速实现科技自立自强，攻克了一个又一个关键核心技术难题。其科技创新成果如雨后春笋般涌现，为公司在航空航天、电子信息、新能源、汽车制造、轨道交通、节能环保、医疗保健及国防军工等多个领域开辟了新的发展蓝海，注入了强劲动力。

市场开拓方面，鹤城科技凭借敏锐的市场洞察力，精准对接企业端与用户端的多元化需求，形成了以浇注型聚氨酯聚合物为核心，涵盖衍生精细化工产品及下游产品的完整产业链。公司产品不仅在国内市场实现了广泛覆盖，更将触角延伸至欧美、东南亚等国际市场，品牌影响力与日俱增。

在行业舞台上，鹤城科技作为中国聚氨酯行业的璀璨新星，积极参与国内外各类展会、技术论坛，通过专题演讲、路演等形式，展示其最新技术成果与绿色发展理念，赢得了业界的广泛赞誉。

二次腾飞，未来可期

自创立之初，鹤城科技便怀揣着对标国际顶尖品牌的雄心壮志，深耕高精尖产品领域，不断强化基础研发能力，引领整个行业向高适应性、高效能、高产能、高性能、高性价比、低能耗、可再生、可循环的绿色发展模式转型。公司深刻认识到，科技是推动企业前行的核心动力。依托强大的研发实力与对品质的不懈追求，鹤城科技以基础研发为基石，以国际高端为标杆，科研团队勇于攀登科技高峰，持续加强技术攻关，推动科技创新浪潮。

鹤城科技深耕聚氨酯材料基础研究，持续加大研发投入，汇聚了一支高效精干的技术团队，配备先进的检测设备与严谨的生产控制体系，确保每一款产品的卓越品质。正是这份对完美的执着追求，使得公司能够自主研发出涵盖浇注型聚氨酯预聚体、组合料、特殊性能与专用领域预聚体、环保黏合剂、聚氨酯辅料助剂等五大系列，共计300余种产品，其应用范围之广，从机械矿山到石油纺织，从汽车船舶到光伏能源，乃至医疗体育、通信、国防科工、航天航空等高端领域。这些产品不仅成功打破了国外技术垄断，填补了国内市场的空白，更为国内高端制造业的蓬勃发展注入了强劲动力，展现了鹤城科技强大的技术创新能力和市场适应能力。

在知识产权与技术创新方面，鹤城科技同样成果斐然。公司累计获得专利40余项，涵盖发明专利16项、国外专利6项，并注册了10项商标，同时参与制定了3项国家行业标准，多项技术达到国际先进水平，赢得了广泛的行业认可与赞誉。特别是在健身器材材料、特殊聚氨酯聚合物及高性能聚合物等关键领域，鹤城科技的市场份额已稳固占据行业领先地位，超过80%的份额彰显了其不可撼动的市场地位。

此外，"MDI弹性体产品再利用解决方案""3D打印用高强度高韧性UV–热双重固化高分子材料"等创新项目，多次荣获"双服双创"科技创新与党建创新深度融合的优秀项目称号，彰显了公司在科技创新与党建引领方面的双重优势。而聚氨酯环保回收再利用项目的顺利投产，更是标志着鹤城科技在绿色环保道路上迈出了坚实的一步。

成立十余年来，在中国聚氨酯工业协会的深切关怀与鼎力支持下，鹤城科技实现了跨越式的飞跃发展。作为协会常务理事单位，鹤城科技不仅获得了"中国聚氨酯工业协会推荐品牌"与"中国聚氨酯工业协会双创先锋企业"等殊荣，更以其卓越的成就，在行业内树立了标杆。

而今，鹤城科技的产品不仅畅销国内，更远渡重洋，惠及欧美、东南亚等国际市场，成为中国聚氨酯行业一颗耀眼的新星。这背后，是鹤城人对匠人精神的坚守，是科技研发团队不懈努力的结晶，更是企业持续创新、勇于攀登高峰的生动写照。

站在"十四五"新起点上，鹤城科技踏上了二次腾飞的征程。化学工业智能制造工程的启动，标志着公司向智能制造的迈进。年产 2 万吨聚氨酯聚合物生产基地的建设、世界先进生产控制系统的引入、材料特性与组分研究的深化，都预示着鹤城科技将在未来国际舞台上绽放更加璀璨的光芒。

根据规划，鹤城科技将引进新的产学研模式，拓展新的经营模式，引入社会资本投入，同时积极发挥鹤城科技在行业中的地位和作用，积极引导行业发展方向，践行绿色发展产业路线，为我国的聚氨酯工业发展拓展新的空间。

展望未来，上海鹤城高分子科技有限公司将继续以科技创新为引领，秉持可持续发展理念，深耕绿色循环发展领域，不断拓展新材料的应用边界，矢志成为聚氨酯新材料领域的领航者与创新先锋，为中国乃至全球的聚氨酯工业发展贡献鹤城力量。

厦门凯平：专精特新企业的创新与超越之路

　　厦门，这座美丽的海滨城市，不仅以其独特的自然风光和深厚的文化底蕴吸引着世界各地的游客，更是孕育众多优秀企业的摇篮。厦门凯平化工有限公司（以下简称"厦门凯平"）便是这众多璀璨明星中的耀眼一颗。自 2000 年成立以来，厦门凯平凭借其敏锐的市场洞察力和不懈的创新精神，实现了从国际品牌代理到自主品牌创建的华丽转身，书写了一段令人瞩目的企业发展篇章。其发展历程，也是中国专精特新化工企业崛起的生动写照。

走上了自主品牌创建之路

　　厦门凯平成立初期以代理国外品牌产品为主，专注于聚氨酯脱模剂及助剂市场，迅速成为西班牙 CONCENTORL（沛西）脱模剂、硅油在中国和日本的总代理，逐步在市场中树立了良好的口碑。这一战略决策不仅打开了国际市场的大门，更为其后续发展积累了宝贵的行业经验和客户资源。在掌舵人陈开平的带领下，厦门凯平不仅致力于将高品质的国外产品引入中国市场，还积极学习国际先进的生产技术和管理经验，为后续的自主研发和生产打下了坚实的基础。

　　随着市场需求的不断增长和企业规模的扩大，厦门凯平仅仅通过代理国外品牌已难以满足市场需求。2015 年，厦门凯平的发展迎来了重要转折点。为了更好地满足多样化的市场需求，灵活调整销售策略，提升创新实力与品牌价值，这一年，厦门凯平在福建泉港石化园区投资上亿资金建设了泉州凯平肯拓化工有限公司，该工厂集研发、生产于一体，总建筑面积约 20000 平方米，拥有近 3000 平方米的研发楼以及全自动化的生产线。随着生产工厂的建成投产，厦门凯平的聚氨酯脱模剂年产能迅速提升至 5000 吨左右。厦门凯平正式走上了自主品牌的创建之路。

陈开平表示，自主生产不仅可以更好地控制原材料采购、生产制造和物流配送等各个环节的成本，提高整体盈利能力，而且可以为市场提供更加稳定、可靠的产品供应，逐步建立自己的品牌形象和知名度，形成技术壁垒和知识产权优势，增强企业的长期竞争力。

近年来，国际形势的复杂多变给化工行业带来了前所未有的挑战。面对欧洲产品断货、能源价格上涨等不利因素，厦门凯平凭借自主生产能力有效缓解了市场压力。特别是在疫情期间，公司自主研发的脱模剂产品凭借其稳定的性能和价格优势，在国内市场占据了重要份额，进一步巩固了公司的市场地位。

致力于开发环保脱模剂

从代理国外品牌到自己建厂生产自主品牌，厦门凯平的转型升级之路充满了挑战与机遇。公司秉承"追求卓越，励精图治"的企业发展理念，致力于将品牌产品打造成行业一流标杆，凭借敏锐的市场洞察力、强大的自主研发能力和完善的销售服务体系，成功实现了从代理商到生产商的华丽转身。

在自主品牌、自主研发的道路上，厦门凯平从未停止前进的脚步。公司在产品研发上不断创新，致力于开发出适合国内外聚氨酯行业及其他行业使用的新产品，以满足客户多样化的需求。公司推出了自己的聚氨酯脱模剂、匀泡剂（硅油）、水性胶水、色浆及模具清洗材料等一系列自主品牌产品。

面对日益激烈的市场竞争和不断提升的客户需求，厦门凯平不断加大研发投入，紧跟行业发展趋势，对产品进行持续优化。从满足基本使用需求到攻克低 VOC、低气味、低 TVOC 等一项项环保指标要求，厦门凯平不断提升脱模剂等产品性能和服务质量，在国内外市场受到广泛认可。

公司在国内建立了一套成熟的销售和服务网络体系，不仅在厦门设有总部，还在天津、上海、广州、重庆等地设立了驻外分支机构，产品和服务遍及全国各大省市的汽车行业。在汽车座椅等高端应用领域，厦门凯平凭借卓越的产品性能和完善的售后服务赢得了客户的广泛赞誉。

公司还通过参加国内外行业展会、举办技术交流会等方式，积极推广自己的品牌和产品，不断提升品牌知名度和市场影响力。

随着全球对环境问题的日益关注，企业作为社会的重要组成部分，有责任参与环境保护和可持续发展。绿色发展不仅关乎企业自身利益，更是对社会和未来的责任担当。

传统聚氨酯脱模剂产品主要成分包括二氯甲烷，而且浓度很高，挥发在空气中会造成较大的环境污染。在 2005 年左右，国外的脱模剂厂家就开始升级产品，减少二氯甲烷的使用。下游厂家也开始对脱模剂的环保性提出更高的要求，要求减少排放。

厦门凯平作为行业领军企业，在推动行业绿色升级方面一直走在前列。陈开平敏锐地意识到，随着有机溶剂类脱模剂在生产、运输、存储、使用方面的安全环保要求日益严格，传统溶剂型脱模剂在环保方面存在一定的局限性，必须加快开发水性脱模剂产品。厦门凯平决定启动产品升级战略，优化溶剂的成分，将研发重心转向更为环保的水性脱模剂，减少有害成分的排放，这一转变不仅满足了日益严格的环保法规要求，还提升了产品的安全性和运输便利性，降低了企业在物流、储存及废弃物处理方面的成本和风险。

抓住汽车行业高速发展机遇

汽车领域是聚氨酯脱模剂的主要应用领域之一，其市场占比高达80%。当前，中国新能源汽车市场每年以 30%—50% 的速度递增。聚氨酯行业在新能源汽车市场的推动下展现出了强劲的增长潜力和独特的行业机遇。随着汽车工业的快速发展，特别是座舱系统概念的兴起，对脱模剂的性能要求更加多样化。厦门凯平紧跟市场趋势，制定科学的战略规划，加强与头部企业的合作，提升国际竞争力，在这一领域保持强劲的发展势头。

厦门凯平不断加大研发投入，针对天窗、车顶、地毯、座椅、方向盘、仪表板、盖板等汽车座舱系统内各种材料的特殊需求，开发出一系列定制化、高性能的水性脱模剂产品。这些产品不仅满足了客户对产品质量和环保性能的高要求，还帮助客户提升了生产效率，降低了生产成本。

同时，公司还积极引导客户向更高质量、更环保的产品方向升级，通过提供前置解决方案和定制化服务，帮助客户提升产品竞争力，实现可持续发展。近年来，厦门凯平水性聚氨酯脱模剂产品的种类和占比逐步提升，不仅满足了客户的环保需求，而且在部分水性产品价格当前还不具备竞争优势的情况下，可以作为技术和产品储备，在客户有需求的时候适时推出升级的环保产品，更好地适应市场需求的变化。

随着新能源汽车市场的快速发展，国内自主品牌的市场份额逐渐扩大，目前超过了 60%。这为国内的原材料供应商和零部件供应商提供了前所未有的机遇。传统的汽车合资品牌往往更偏爱进口供应商，但是自主汽车品牌在供应链选择上更加灵活和开放，这为国内供应商企业提供了更多的合作机会和市场空间。

面对新能源汽车的崛起，厦门凯平公司紧跟时代步伐，将研发重点转向电池包覆材料等新能源汽车专属材料所需的脱模剂。在相关领域，公司凭借深厚的技术积累和丰富的行业经验，成功开发出了一系列适应新能源汽车生产需求的脱模剂产品。

在新能源汽车领域，座舱系统等关键部件的头部企业具有强大的市场影响力和技术实力。座舱系统作为汽车的重要组成部分，其技术含量和附加值都相对较高。随着消费者对汽车舒适性和智能化的要求不断提高，座舱系统的市场需求也在持续增长。通过提供高质量的产品和服务，建立稳定的供应链关系，厦门凯平在新能源汽车相关市场中占据了有利地位，主营的聚氨酯脱模剂经一汽、二汽、上汽、北汽、柳汽、比亚迪、吉利、奇瑞、理想、蔚来、小鹏、宇通、长安、日产等大型汽车配套厂家使用后，获客户一致认可，对提高产品质量、减少模具积垢、降低生产成本有着显著的成效。

"引进来"与"走出去"并重

随着中国经济的高速发展，国内市场竞争日益激烈，海外市场提供了更为广阔的市场空间。"走出去"不仅是企业追求更大发展空间、实现业务增长和规模扩张的需要，也是中国经济全球化布局的关键举措。在国内市场取得成功后，厦门凯平通过技术创新和品牌建设等方式提升国际竞争力，逐步布局海外市场。

国内市场尤其是新能源汽车市场的快速增长为聚氨酯等原材料供应商提供了坚实的后盾。作为中国领先的聚氨酯脱模剂的供应商，厦门凯平积累了丰富的行业经验和技术实力。这些优势将有助于公司在海外市场树立品牌形象，提升产品竞争力。同时，海外市场的反馈也将促进公司产品的持续改进和创新，反哺国内市场，形成良性循环。

由此，厦门凯平决定"引进来"与"走出去"并重的战略，特别是在2023年成立专门的出口部门，标志着公司国际化进程走出重要一步。公司逐步计划将国内成熟的产品模式和市场经验引入海外市场，同时根据各国不同的市场环境和法规要求进行本地化调整，快速适应海外市场。

在全球化的今天，单打独斗已难以应对复杂多变的市场环境。厦门凯平计划与海外合作伙伴建立紧密的合作关系，共同开拓市场，实现资源共享、优势互补、互利共赢。通过参加国际展会（如巴西圣保罗、新加坡、迪拜等地的展会）和实地考察（如俄罗斯、荷兰等地），直接接触海外客户，了解市场需求，展示产品优势，建立初步的合作意向。这种面对面的交流方式对于建立信任和长期合作关系至关重要。

鉴于各国在环保、安全等方面的法规差异，厦门凯平将投入资源研究并遵守相关法规，确保产品合规性。同时，公司将搭建自己的出口平台，为海外客户提供便捷、高效的服务，促进产品在国际市场上的流通。

厦门凯平计划在未来三年内将海外平台和渠道联通起来，形成覆盖全球的营销网络。随着国际化进程的深入，厦门凯平有望在全球脱模剂市场中占据更加重要的地位，成为全球行业里的佼佼者。

在新起点上实现新跨越

近年来，厦门凯平以敏锐的市场洞察力和前瞻性的战略规划，实现了持续的高增长。当前，公司脱模剂产线设计年产能达 5000 吨，并正紧锣密鼓地进行技术改造，以期将年产能提升至 10000 吨。

只有不断创新，才能在激烈的市场竞争中立于不败之地。厦门凯平制定了宏伟的增长目标，并为此制定了详尽的实施计划。从技术创新到市场拓展，从人才培养到品牌建设，每一个环节都凝聚着凯平人的智慧与汗水。

在"创新、环保、高效"的发展理念指引下，厦门凯平不断加大在水性脱模剂及其他环保型新材料领域的研发投入。陈开平深知，环保是未来化工行业的发展趋势，也是企业可持续发展的重要保障。厦门凯平密切关注市场变化和客户需求动态，及时调整产品结构和市场策略，积极引进先进技术和设备，加强与国际知名企业的交流合作，培养高素质的研发团队，致力于开发出更加环保、高效、优质的脱模剂产品。

过去 15 年间，是我国聚氨酯工业由大变强的关键时期。在助剂市场等细分领域，厦门凯平从代理起步到自主品牌的创建，再到绿色升级和国际化战略的实施，每一步都凝聚着公司的智慧和汗水。凭借敏锐的市场洞察力、强大的自主研发能力和完善的销售服务体系，厦门凯平成功实现了从代理商到生产商的华丽转身，并在全球脱模剂市场中占据了重要地位，公司旗下泉州凯平肯拓获评 2023 年福建省专精特新中小企业，得到了政府、行业与市场的充分认可。

展望未来，新能源汽车等下游行业将继续保持快速发展的态势。随着技术的不断进步和市场的不断扩大，随着环保法规的日益严格和消费者需求的不断变化，厦门凯平抓住机遇、迎接挑战，以持续创新升级在激烈的市场竞争中立于不败之地。

站在新的历史起点上，厦门凯平将继续秉承"诚信敬业、务实创新、感恩奉献"的发展宗旨，以更加饱满的热情和更加坚定的步伐迈向未来，必将续写更加辉煌的篇章！

麦豪集团：创新驱动　追求卓越

上海，这座充满活力与创新的城市，不仅是中国的经济中心，也是众多企业的摇篮，以其独特的国际化视野和开放的市场环境吸引了大量国内外企业和人才，上海麦豪化工科技有限公司（以下简称"麦豪"）应运而生。

受益于上海开放的市场环境和创业氛围，张文凯作为创始人之一，以其前瞻性的战略布局和技术创新理念，带领麦豪一步步壮大，在短短的 10 年内实现了厂区从 2000 平方米到 10 万平方米，年产能从 3000 吨到 33000 吨的跨越式发展。

前期发展：从单一到多元化产品的跨越

在全球汹涌的市场竞争大潮中，脱颖而出的往往是以技术为核心驱动力的化工企业。麦豪就是这样一家典型企业，通过持续的技术研发、市场拓展和产业布局，逐渐成长为一家国际领先的有机硅及聚氨酯技术解决方案提供商。

麦豪的创业历程是一部充满艰辛与奋斗的故事，从最初的十个人的队伍发展到如今拥有 200 多名员工的跨国企业，其中的每一步都离不开团队的坚持、创新和不懈努力。麦豪的成功不仅得益于技术积累与市场的敏锐判断，也与总经理张文凯和其核心团队丰富的职业经历密不可分。

张文凯曾在多家全球化工巨头中担任重要职务。他的技术背景、国际视野和战略思维为麦豪的发展奠定了坚实的基础。

在外企工作期间，他了解到化工行业未来发展的重要趋势：可持续发展、环境友好型产品的需求将持续上升，而高效能、低污染的有机硅及聚氨酯产品将在未来的市场竞争中占据主导地位。这为他后来领导麦豪进军低挥发有机硅、环保有机锡领域奠定了重要的战略方向。

2010年，张文凯从外企辞职，开始思考如何在新的职业道路上发挥自己多年来积累的经验。多次沟通后，在合伙人钱琳健的帮助下，张文凯走上了麦豪的创业之路。决心创立一家能够专注于有机硅技术创新并满足中国市场需求的企业。

2011年，上海麦豪化工科技有限公司由此成立，品牌"麦豪/Menhover"正式面世。"麦豪/Menhover"这个品牌名的创意源自上海话中的"Menho"，意思是"蛮好"。但这个"蛮好"在语境中还带有不满足现状、持续追求进步的含义。品牌名"Menhover"巧妙地将Menho概念与英文词语"ever"结合起来，寓意着"持续进步、追求卓越"。它体现了麦豪品牌一直秉持的理念——虽然已经做得"蛮好"，但还不够好，必须不断努力，追求做到最好。这种精神不仅反映了品牌在技术创新上的不断突破，也展现了企业在发展过程中的持续精进态度。张文凯的创业愿景非常明确，即通过自主技术研发和创新，填补国内有机硅产业的技术空白，并推动国产化进程。

麦豪的初期产品布局以软泡硅油为主，瞄准聚氨酯家居行业。软泡硅油广泛应用于家居、汽车内饰等领域，市场需求量很大。张文凯意识到，要自主生产，第一步必须是进口原料的国产代替，通过经验积累和不分昼夜的实验，迅速实现了软泡硅油的所有原料的国产代替，自主生产，并且在技术标准上对标国际先进水平。

作为一家新创企业，麦豪在品牌认知度、市场开拓以及资金运转方面面临诸多挑战。张文凯采取精准的市场策略，聚焦高性能软泡硅油产品，首先从中小企业客户入手，逐步建立市场口碑。同时，他也积极争取行业资源，与供应链上下游建立了稳固的合作关系。在2011年，一家外企软泡硅油出现缺货和产品质量问题，给麦豪带来了机遇。

通过不懈努力，麦豪逐步在国内市场站稳了脚跟，开始获得越来越多客户的认可。2013 年，麦豪扩展业务范围，成立了上海麦浦新材料科技有限公司，进一步提升了高回弹硅油及硬泡硅油的生产能力，年产能达到3000 吨，并初步完成了从单一产品到多元化产品布局的升级。

在此期间，麦豪与华东理工大学、江苏大学和中科院有机所等国内知名高校展开了广泛的产学研合作，依托高校的科研力量，麦豪在有机硅共聚物和表面活性剂领域取得了多项技术突破。

2016 年，麦豪的首项有机硅发明专利——"一种有机硅共聚物表面活性剂及其应用"获得授权，这标志着企业在技术创新领域迈出了重要一步。该专利不仅填补了国内技术空白，还为麦豪在国际市场竞争中提供了有力的技术支持。同年，麦豪首次被认定为"国家高新技术企业"，并通过了 ISO9001、ISO4001、ISO45001 等多个国际管理体系认证，进一步提升了企业的管理水平和市场竞争力。

在国内市场拥有一席之地后，张文凯意识到，只有走向国际化，才能在全球化竞争中占据一席之地。2013 年，麦豪迎来了一个重要的转折点，标志着企业国际化战略的真正起步。这一年，麦豪与迪拜 Recaz 公司达成了战略合作，正式进军中东和印度市场。这一合作不仅让麦豪的产品首次大规模进入国际市场，也开启了麦豪与 Recaz 共同成长的国际化新篇章。凭借技术优势和产品质量，麦豪迅速在这些新兴市场获得了客户的青睐，国际业务实现了快速增长。

这一时期，麦豪的产品线也逐步从有机硅表面活性剂扩展到更多的聚氨酯助剂产品，从软泡扩张到硬泡，这些产品以其高效和稳定性满足了国内外客户的基本需求，同时硬泡硅油也得到了巴斯夫和一诺威等知名企业的认可，为麦豪的快速发展赢得了更多的市场机遇。

快速发展：产能与技术水平持续提升

2017 年，随着市场需求的快速增长，麦豪在江西九江投资成立了江西麦豪化工科技有限公司，依托星火有机硅的原料供应优势，进一步扩大了有机硅、催化剂产品的生产规模。江西工厂设计年产能达到 18000 吨有机硅表面活性剂和 2000 吨胺催化剂及有机锡催化剂，标志着麦豪正式进入大规模生产阶段。江西工厂的建成不仅解决了产能瓶颈问题，还提升了麦豪的供应链管理能力和市场响应速度，为进一步扩大国际市场份额打下了坚实基础。

2019 年，张文凯主导了企业的一次重要合并。上海麦浦新材料科技和上海麦豪化工科技两家公司正式合并为"上海麦豪新材料科技有限公司"，在金山区成立了研发中心，邀请了更多的外企和行业内的技术人员加入技术团队。这次合并不仅是公司战略整合的体现，也是麦豪在资源、技术和管理上的进一步优化。通过资源的整合，麦豪的生产能力和技术研发水平得到了极大的提升，为未来的高速发展奠定了坚实基础。

这次合并后，麦豪通过精简管理架构、优化资源配置，加强应用技术服务，极大地提高了生产效率和市场响应速度。通过统一的企业品牌"Menhover"，麦豪在市场上的竞争力得到进一步增强，客户的信任度也逐步提升。

环保要求的日益严格促使化工行业不断创新，而麦豪也顺应了这一趋势。2019 年，麦豪成功研发出低挥发、低气味软泡硅油和高回弹硅油，环体含量控制在 200—300ppm 水平，这在当时是一个难题，要知道宜家要求的标准是 1000ppm。为推进行业发展，同年麦豪主导，与赢创、陶氏、梦百合、高裕等企业多次沟通，共同起草了"低挥发低环体聚氨酯软泡用有机硅表面活性剂"团体标准，并分别于 2020 年 6 月和 12 月在《聚氨酯工业》国际期刊上发表"低挥发有机硅匀泡剂在聚氨酯软泡中的应用评价"及"匀泡剂 MenhoverS-70 在戊烷发泡 PIR 体系中的应用"相关论文。这一系列低挥发产品不仅性能优越，同时符合全球范围内的环保要求，特别是在汽车、家居等对环保有高要求的行业中得到了广泛应用，也为梦百合、高裕等中国企业走向欧美、日本高端市场助了一臂之力。

在进军国际市场的过程中，张文凯敏锐地意识到，低挥发、低气味软泡硅油的市场潜力巨大，特别是在欧洲市场，环保 REACH 法规日益严格的背景下，环保硅油具有显著的市场优势。通过大力推广低挥发硅油产品，麦豪在国际市场上的竞争力大大提升。短短一年时间内，麦豪的国际市场份额增长超过 35%，产品得到了 Carpenter、Vita foam、Foamline、Organika、Form Sunger 等行业巨头的认可，成为全球有机硅市场的重要供应商。

在催化剂领域，麦豪同样加大创新研发投入，与中科院大连物化所合作，开发环保有机锡催化剂，开发出 TN-200C、KS-20、TN-EF 等一系列环保型有机锡，同时被授权了多项有机锡的发明专利。产品最后通过了宜家体系的认证，被梦百合、高裕等企业批量使用，成功实现了专利产品的成果转化。

一系列的突破，不仅体现了麦豪技术创新实力，同时也彰显了张文凯的战略前瞻性。他深刻认识到环保化、绿色化是未来化工行业的发展方向，因此麦豪在研发战略上，始终将环保与性能并重。随着市场对环保产品的需求不断增长，麦豪未来在全球市场中的地位也将进一步巩固和提升。

创新升级：国际化布局步履坚定

随着技术的不断突破和市场的持续拓展，麦豪在 2020 年迎来了全面的产业升级。张文凯深知，企业的发展不能仅仅依赖于单一产品或单一市场，必须通过产品的多样化来提高抗风险能力，并抓住更多市场机会。他提出了"多元化发展、国际化布局"的战略方向。作为公司的总经理，他兼任研发总监，重点管理研发团队，定期和江苏大学教授、国外技术专家讨论项目，从立项、设计、试验到验收全程参与，加大在生物基聚醚、聚氨酯功能助剂、有机硅树脂、涂料助剂、农药助剂、化妆品添加剂等新产品领域的研发投入。

张文凯带领的研发团队基本是"996"的工作节奏，每天早9点到晚9点，每周6天，白天工作、晚上讨论，最终成功推出了上百种新产品，涵盖了从工业应用到日常消费品的多个领域。这不仅是企业产品线的延伸，也是麦豪在多领域、多产业的深度布局。

在此过程中，麦豪加强了与中科院大连物化所、上海石化研究院等科研机构的合作，成功研发并投产了含硅和非硅的涂料助剂、生物基聚醚、环保有机锡催化剂、胺催化剂系列产品。这些产品不仅在国内市场受到了广泛认可，同时得到了巴斯夫、海明斯、宜家等大公司的认可，进入了国际市场，产业链的完善与产品多样化成为麦豪在全球激烈的竞争市场中发展的重要生存法则。

在实现产品创新与市场扩展的同时，麦豪获得了多项行业荣誉。2020年，麦豪荣获了上海市科技发明二等奖，并被评为上海市"专精特新"企业。同年，麦豪还荣获了"金山区瞪羚企业""漕泾镇金牌企业奖""永修县纳税贡献奖""上海市科技小巨人企业""江西省科技小巨人企业""上海市首批次新材料专项支持企业"等多项荣誉。这是对企业在地方经济和行业发展中发挥的重要作用的肯定，不仅体现了麦豪在技术创新上的实力，也彰显了企业在行业中的领导地位。麦豪由此获得了政府的专项资金支持，增强了品牌的市场认知度，为企业的未来发展奠定了更加坚实的基础。

为了进一步提升研发实力，麦豪在2022年扩建了上海研发实验室，在上海漕泾工厂扩产年产一万吨有机硅稳泡剂装置，并且引入多名具有国际化背景的专家加入研发、技术服务和销售团队，逐步形成了覆盖下游全系列的技术服务平台。这些技术创新手段，为麦豪的全球市场拓展提供了强有力的支持，使得企业能够在市场中灵活应对多样化的需求。企业在国际市场中的地位逐步提升，特别是在中东和欧洲等高端市场中，麦豪的产品受到了广泛好评。

在张文凯的领导下，麦豪开始全面布局全球市场。2022 年，麦豪在中东、澳大利亚、南美、欧洲、印度、非洲等多个国家和地区设立了 11 个海外仓库，确保企业的产品能够迅速进入全球各大市场。通过全球仓储布局，麦豪有效地提升了国际市场的服务能力，缩短了供应链周期，极大地提高了国际客户的满意度。

持续创新与未来展望：迈向新高度

2023 年，麦豪继续保持技术创新的强劲势头。张文凯提出，未来企业的发展必须紧紧围绕有机硅和核心技术领域，不断推出新产品，提升产品的技术含量和市场竞争力。麦豪加大了对高技术有机硅产品的研发投入。2024 年麦豪成功投产了（AB）n，硅氮结构、T 结构、氯硅烷水解衍生物、单羟基有机硅等特殊有机硅结构产品，并将产品成功投入下游应用。这些产品不仅填补了国内市场的技术空白，也大幅提升了企业在特种有机硅产品细分市场领域的竞争力。

在技术创新的同时，麦豪也加大了对环保型产品的研发力度。随着全球范围内对环保和可持续发展要求的日益严格，麦豪积极响应，通过与南昌大学、上海石化研究院合作，投资上千万环保设备用于废水处理、重金属回收，力争排放指标逐年降低。

通过持续的技术创新，麦豪的产品线日益丰富，涵盖了聚氨酯助剂到涂料、农业、日用化工的多个领域的跨步。逐一实现成果转化，新产品带来的附加值日益提升，不仅增强了企业的市场竞争力，也为麦豪在未来拓展全球市场提供了强有力的支持。

随着企业业务的全球化布局，客户的需求也日益多样化和复杂化。为了进一步打开国际市场，张文凯制定了以"高性能产品＋专业服务"为核心的全球化战略。伴随着产品技术水平的不断提升，麦豪不仅在质量上满足了国际客户的需求，还在产品的使用便利性和环境友好性上大大提高了竞争力。在销售方面，麦豪建立了以客户为中心的服务体系，为国际客户提供从产品定制到技术支持的全方位服务，和迪拜 RECAZ 合作，在迪拜、印度、土耳其和巴西设立了应用技术中心；和美国 Peterson 公司合作，加强中美特色产品的相互学习、互补推广；和 Brenntag 合作，加强新产品新领域的产品销售。通过各个国家的技术服务团队为客户提供定制化的技术解决方案，麦豪确保产品能够更好地满足客户的实际需求，进一步提升了客户的满意度和忠诚度。全球客户不仅可以享受到高品质的产品，同时也能够获得专业的技术支持和应用指导。这种以客户为中心的服务理念，使得麦豪在全球市场中建立起了良好的声誉，并赢得了广泛的市场认可。

展望未来，张文凯认为，麦豪在全球细分聚氨酯助剂市场的地位将会进一步巩固，但同时也面临着新的挑战。随着全球市场的竞争日益激烈，特别是在有机硅高端化工领域，企业不仅需要在技术上保持领先，还需要在供应链管理、成本控制以及市场推广等方面不断创新和优化。

在张文凯的战略规划中，未来几年内，麦豪将继续加大国际市场的技术服务布局，以及原始创新技术的研发投入，特别是在环保型、高性能、高附加值产品开发领域，要通过技术领先优势，进一步拓展全球市场。同时，企业也将积极应对市场的变化和挑战，提升内部管理效率，优化供应链，确保企业保持全球竞争力。

人才是企业发展的关键。未来，麦豪还将继续吸引和培养更多具有国际化视野的高端人才，为企业的全球化布局提供坚实的保障。同时，通过与国际知名科研机构的合作，进一步提升企业的研发水平，确保在全球市场中的技术领先地位。

结语

麦豪的创业与发展历程，是一个典型的从技术创新到市场扩展，再到全球布局的企业发展案例。从最初的品牌初创到如今成为全球有机硅行业的重要参与者，麦豪凭借其技术创新、市场敏锐度以及战略布局，逐步在国内外市场中站稳了脚跟。

创业初期的艰难使公司锻炼出了强大的市场应变能力和技术创新意识，而后期的快速发展则彰显了公司在管理、研发和市场拓展上的战略智慧。麦豪的发展历程不仅是一个企业成长的典范，也展现了现代中国企业在全球市场中不断追求卓越的创新精神。

作为一家以技术创新为核心驱动力的企业，麦豪将继续发扬"催化梦想、合成未来、稳定泡沫"的企业精神，通过持续的创新和发展，为全球客户提供更加优质的产品和服务，逐步走向全球舞台中央。

勇立潮头　泽程筑梦

在历史的长河中，每一个行业的兴起与发展都承载着时代的印记与智慧的结晶。我国的聚氨酯工业自 20 世纪 60 年代起步，经历了从无到有、从弱到强的蜕变，而聚氨酯装备工业则紧随其后，在 20 世纪 90 年代迎来了发展春天。在这片充满机遇与挑战的蓝海中，温州市泽程机电设备有限公司（以下简称"泽程机电"）犹如一颗璀璨的明珠，以聚氨酯设备混合头技术为核心，致力于提供一站式聚氨酯设备解决方案，持续赋能原料供应和制品生产企业，满足全产业链的整体化与个性化需求，傲然屹立于聚氨酯装备制造业的潮头。

回溯泽程机电的创业历程，二十六年的沉淀，是泽程机电对品质的执着追求，是对技术的不断突破，更是对市场的深刻洞察。自创立之初怀揣的"做好产品、做好服务、做好提升"的朴素而坚定的初心，指引着泽程机电在聚氨酯装备行业的风浪中稳健前行。通过多达 4000 家客户的验证，"ZCE"牌聚氨酯设备以其卓越的性能、精湛的工艺和人性化的设计，赢得了市场的广泛赞誉，成为了国内聚氨酯装备行业中的佼佼者。尤其是电热式聚氨酯弹性体浇注机，更是以其计量精确、混合均匀、性能稳定、智能化操作等显著特点，在行业中树立了标杆，引领着聚氨酯装备行业的发展潮流。

如今，站在新的历史起点上，在聚氨酯装备行业的广阔天地中，泽程机电将继续书写属于自己的辉煌篇章，为行业的进步与发展贡献力量。

起步与发展（1998—2009 年）

在时代浪潮的涌动中，中国有无数民族企业以坚韧不拔的姿态，书写着属于自己的辉煌篇章。温州市泽程机电设备有限公司，便是这样一家在聚氨酯设备领域深耕细作、不断突破的企业。

它的故事，始于 20 世纪 90 年代后期。那时，聚氨酯作为一种新型多功能高分子材料，正逐渐在交通、家电、家具、冶金等多个领域展现出其独特的魅力。在这个充满机遇与挑战的时代，潘瑶辉，一位机电专业出身的创业者，因一次偶然的机会与聚氨酯设备结缘。专业知识的积累与对行业的敏锐洞察，使他迅速对本领域产生了浓厚的兴趣。面对当时聚氨酯制品生产机械化程度不高、制品合格率较低、长期依靠进口的现状，潘瑶辉勇敢地踏上了研发聚氨酯设备原液混合技术和生产聚氨酯设备的征程。他深知，只有不断创新，才能引领行业前行。1998 年，潘瑶辉和合伙人林建东带领 2 名技术人员，组成了一支攻坚团队。他们日夜奋战，经过数百次的实验与改进，终于自主研发出了聚氨酯设备混合头。这项技术如同一把钥匙，打开了聚氨酯设备原液混合搅拌的新天地，有效解决了多种原液混合不均、制品质量不高的难题。在当时，这项技术在全国范围内都堪称翘楚。基于此，温州巨龙机电设备厂于 1998 年成立，凭借聚氨酯设备的混合头技术跻身于中国聚氨酯设备制造行业，主要从事聚氨酯发泡设备的研发和生产。

进入 21 世纪，聚氨酯作为新兴工业进入了快车道，应用领域不断扩大，市场需求日益旺盛。面对这一波汹涌而来的发展浪潮，巨龙机电果断抓住发展机遇。2000—2008 年，公司成功自主研发出了一系列高性能的聚氨酯设备，如高温弹性体浇注机（油热式）、全自动数控密封条浇注机、TPU 全自动数控热塑性弹性体浇注机以及高低压发泡机系列产品等，并分别于 2005 年、2006 年承担了温州市区级"11KW 磁力驱动柱塞泵研制"科技项目和"JG20 聚氨酯高压发泡机"项目并取得了成功。这些产品的问世，不仅满足了市场的需求，更在行业内树立了新的标杆。

巨龙机电始终保持着敏锐的洞察力，时刻关注着市场的变化和行业的发展趋势，随时根据用户反馈优化产品和服务。随着油热式高温弹性体浇注机在市场上的广泛应用，一些问题也逐渐暴露出来。长时间使用后原液加热缓慢、管路堵塞后不易清理、导热油更换不利于环保等问题，成为了制约产品进一步发展的瓶颈。面对这些挑战，巨龙机电再次展现出了其强大的研发实力和创新精神。他们积极组织研发团队，经过不懈的努力，于 2008 年成功自主研发出了环保节能型 CPU 聚氨酯弹性体浇注机（电热式）系列产品。这一产品的问世，不仅有效解决了上一代设备的问题，更在市场上赢得了广泛的赞誉和认可。

从家庭作坊到行业翘楚，泽程机电的每一步成长都凝聚着创业者的智慧与汗水。在潘瑶辉的身上，我们看到了温州人特有的务实与进取精神，更看到了掌舵人的魄力与担当。在泽程机电的企业文化中，"心、家、勤、新"四字文化被赋予了深刻的内涵。它不仅体现了企业的价值观和管理理念，更是企业持续发展的动力源泉。通过培育这种文化，泽程营造了一种积极向上、团结协作、勇于创新的工作氛围。这种氛围不仅吸引了大量的人才加入，更增强了企业的市场竞争力，实现了长期稳定的发展。

崛起与变革（2010—2021 年）

进入 21 世纪，中国聚氨酯工业迎来了前所未有的发展机遇。2010 年，随着国家十大产业振兴规划的出台，聚氨酯行业更是迎来了发展的新高峰。

潘瑶辉深知，要在激烈的市场竞争中脱颖而出，必须深入了解市场需求，精准把握行业动态，于是，他将大量的时间和精力投入到市场调研中，穿梭于各类展会和客户拜访之间，足迹遍布大江南北。通过深入的市场分析和客户调研，他发现当时的聚氨酯设备市场存在严重的同质化问题，规模化生产不足，研发投入匮乏，而国外的先进设备虽然性能卓越，但价格高昂，令国内企业望而却步。面对这一现状，潘瑶辉萌生了一个大胆的想法：打造质量媲美进口、价格更加亲民的聚氨酯设备，实现进口替代。于是，他果断对企业进行品牌升级，将企业经营策略定为"注重技术创新和品牌建设，并提升产品附加值和市场影响力"。这个举措，为泽程机电以后 10 余年的高速发展奠定了基础。

2011 年 1 月，是泽程机电发展历程中的一个重要里程碑。在潘瑶辉的带领下，"巨龙机电"华丽转身，升级为"泽程聚氨酯设备"。"泽"字，本义是指水汇聚或水草丛生的地方，引伸指恩德或恩泽，润泽万物；而"程"字，本义指规章、典范、次序等，象征道路、前途，引伸指敏而好学、前程似锦。新名称寓意着企业将以更加广阔的胸襟和前瞻的眼光，面向全球市场，润泽万物，前程似锦。这一品牌升级不仅标志着泽程在战略上的重大调整，更体现了温州人勇于探索、敢为人先的创业精神。

从此，泽程聚氨酯设备驶入了发展的快车道。2013 年，企业成立了区级研发中心，并被认定为温州市科技（创新）型企业、浙江省科技型中小型企业。随后，泽程机电更是迎来了发展的黄金时期，先后被认定为国家级高新技术企业，通过了欧盟 CE 认证，并荣获中国聚氨酯行业协会"辉煌 20 年优秀单位"荣誉称号。2018 年，企业成功开发出了聚氨酯无模旋转浇注机、无溶剂 PU 革涂胶机。2019 年，企业成立市级企业技术研发中心，多项产品被认定为省级新产品，又被中国聚氨酯行业协会评为双创先锋企业。这一系列荣誉的获得，不仅是对泽程机电过去努力的肯定，更是对未来发展的激励。

在泽程机电的发展历程中，创新与科技始终是企业发展的核心动力。潘瑶辉深知，只有不断创新，才能在激烈的市场竞争中立于不败之地。在快速变化的市场环境中，泽程机电坚持"依据客户和市场促进产品与服务升级，并通过科技的手段赋能产品增强企业竞争力"的发展道路。在过去的 26 年里，泽程机电不仅构建了独特的竞争优势，还通过专利技术和创新服务树立了品牌形象，吸引了大量忠实客户。其中，聚氨酯无模旋转浇注机和无溶剂 PU 革涂胶机的成功研发，就是泽程创新实力的最好例证。2017 年，韩国一客户来公司考察时，提出了购置聚氨酯无模旋转浇注生产设备的需求。公司即刻成立研发专项小组，通过市场调研、客户访谈，在收集了相关技术资料后，经过讨论分析，确定了研发方案。最终确定聚氨酯无模旋转浇注生产设备的关键技术为高效实时的控制系统、旋转浇注系统组成，以及原料混合配比精度和浇注连续持续性的稳定性。创新技术为通过对辊芯直径、转速、胶层厚度、硬度、聚氨酯活性、浇注的流量等物理参数和化学参数的实时、精确检测与控制，最终实现无模胶辊的高效节能浇注。经过 3 个月的研发和测试，最终该款产品被客户成功使用，并通过了 2018 年浙江省省级新产品鉴定。如今，该款产品已经迭代到可浇注直径 1500mm、长度达 8000mm 的胶辊，可适用于造纸、印刷、钢铁、采矿、纺织等多个行业和领域。该项设备不仅具有与进口品牌相媲美的性能和品质，而且价格更为亲民、性价比更高。

这样的成功案例在泽程机电的创新发展历史上还有许多。比如 ZCE 牌无溶剂 PU 革涂胶机，就是鉴于我国无溶剂合成革的发展趋势，专门研发应用于生态友好型环保合成革生产的专用设备，技术为特种密封、水冷却混合装置，防止原料烧心，高精度二轴联动式连续浇注装置，以及自动清洗控制系统，很好地解决了该类产品以往不成熟的各类问题，一经推出，便被多家厂商订购和使用。最终，该款产品也被列为省级新产品。

这些成功案例的背后，是泽程人对市场需求的深刻理解和精准把握。无论是根据客户的定制化需求进行研发，还是对市场信息研判后的主动研发，泽程机电都始终坚持以客户需求为导向，匹配客户的原料、工艺和制品实际情况。这种以客户为中心的研发理念，不仅满足了市场需求，更赢得了客户的信赖和好评。

跨越与腾飞（2021 年至今）

2021 年以来，泽程机电踏上了科技创新的快车道。企业积极申报多项实用新型专利和发明专利，并成立泽程国际，开启了国际化发展的新篇章。

2022 年，泽程机电企业产值实现了 40% 以上的大幅增长，并被认定为浙江省创新型中小企业。在这一年里，泽程机电成功开发出了医疗敷料专用设备、新能源电池隔膜专用设备、聚氨酯光伏组件专用设备以及高性能聚氨酯轨道垫板生产设备。这些设备以其卓越的性能和稳定的品质，赢得了行业内多家龙头企业的青睐。

步入 2023 年，泽程机电的创新发展步伐更加坚定。7 月，企业与温州理工学院携手合作，成立了博士创新站，共同攻克聚氨酯弹性体浇注机的数字建模难题。11 月，企业被复评为国家高新技术企业。12 月，企业被认定为省级专精特新技术企业，进一步彰显了其在行业内的领先地位。

2024 年，泽程机电的发展势头依旧强劲。1 月，企业通过了浙江制造认证，这是对其产品品质和生产管理水平的高度认可。9 月，企业又承担了温州市重大科技创新攻关项目——聚氨酯高压发泡机参数化设计及关键模块开发，为行业的技术进步持续贡献智慧和力量。

时至今日，泽程机电已拥有各类知识产权 30 余项，其中已授权发明专利 1 项，在申报发明专利 2 项。特别是已授权的发明专利"应用于混合头清洗的清洗液回收利用装置"，不仅解决了客户生产过程中的实际问题，还极大地提高了生产效率、节省了生产成本，并发挥了显著的环保作用。ZCE 牌聚氨酯设备凭借其卓越的品质和性能，已经占据了国内市场的半壁江山，成为了行业中的佼佼者。

泽程机电的成功，离不开其对工匠精神的践行和坚守。从客户需求表达到成品交付，每一台 ZCE 牌聚氨酯设备都要历经长达几十天的严格考验。从选材到生产加工，从部件测试到整机测试，泽程机电始终秉持精益求精的态度，对每一道工序都进行严格把控。售前要考虑如何和客户的工艺匹配、原料匹配，生产过程中要考虑部件的精密性、成本性和操作便捷性，交付后要考虑设备运行的稳定性、效率性。以聚氨酯设备核心部件混合头中的搅拌轴为例，从选材到成品交期约 30 天，生产加工需历经 8 道工序，最终还要通过粗糙度（Ra ＜ 0.8mm）、同心度（±0.02mm）、加工精度（±0.01mm）等 3 道工序的测试，任何一项测试不符合技术标准要求的，都不能投入生产。正是这种对品质的极致追求和对精益求精的执着，才使得泽程机电的产品在市场上赢得了良好的口碑和广泛的认可。

产品品质是企业生存发展之根本。"制品正品率最高、设备故障率最低"是泽程机电的一贯宗旨。过去的 26 年，也是企业严格践行质量承诺的 26 年。泽程在生产加工方面依照 ISO9001 质量管理体系标准的要求，建立了完善的评估、控制和品质管理与保障体系，使产品品质得到了有效的保证。从研发设计到售后服务，泽程机电都层层把关，坚持每日统计提交相关报表，严格控制每一道工序的质量。

在客户服务环节，泽程机电的服务团队同样秉持工匠精神，坚持"以客户体验为中心"的服务理念。无论是安装调试、样品试制还是故障排除、技术支持，泽程机电的服务人员都能快速准确地识别问题并采取对应措施解决。他们加班加点、通宵工作，只为给客户带来更好的服务体验。这种用心周到的服务精神，不仅赢得了客户的赞誉和信赖，也为企业赢得了更多的市场份额和行业认可。2024 年 1 月，泽程机电通过了"GB/T 31950—2023 企业诚信管理体系"认证和"五星级售后服务"认证，进一步体现出企业以人为本、注重服务的管理理念。

展望未来，泽程机电将致力于打造智能化聚氨酯设备领军品牌。企业的长远目标是做百年企业，现阶段先做"小而精"，通过精细化管理、精准市场定位和专业服务提高运营效率和客户满意度；下一阶段再做"精而强"，在"小而精"的基础上进一步强化技术、品牌和市场地位的领先，并全面提升企业文化、团队凝聚力和创新能力。未来，泽程机电将着力推动实现生产制造全过程的数字化、智能化，成为助推聚氨酯行业进步的中坚力量，打造"中国制造"新名片。

为中国聚脲材料的发展奠定基础
——记黄微波教授聚脲科研团队

有一种神奇的涂料，它的固化速度以秒计；它在固化前后无 VOC 释放；它能够形成致密、连续、光顺的防护屏障；它是涂层，却远远超越人们对传统涂料的厚度概念；它同时具备强度高、弹性大、耐腐蚀、防渗漏、抗冲击、耐磨损、防爆炸、抗暴力、百年超长耐久等多种特性。

它既是涂料，也是材料，它集塑料、橡胶、玻璃钢等多种功能于一身，却摆脱了高温模塑、硫化成型的桎梏，成为 2008 年奥运看台装饰、2009 年京沪高铁路基防护、2010 年恒山水库大坝防冻融、2011 年青岛胶州湾大桥超重防腐、2013 年港珠澳大桥沉管隧道封闭、2014 年南水北调渡槽接缝防渗漏、2015 年溪洛渡水电站泄洪道抗冲耐磨、2017 年兰州西部恐龙园防护装饰、2019 年南阳抽水蓄能电站防护、2021 年大连湾海底隧道防水、2023 年青岛城市更新红瓦加固等大型基础设施的关键配套材料……

在钢结构储罐耐磨防腐、LNG 防护、彩钢瓦防腐、除盐水箱防腐、海水淡化防护、污水处理池防腐、火车货箱耐磨、皮卡货斗抗冲耐磨、钢管内外壁防腐、防弹头盔装饰防护、木质音箱装饰防护等领域，也都能看到这种新材料的飒爽英姿。

它的名字叫聚脲。

一、从无到有

1993 年，时年 30 岁的黄微波工程师在查阅国外文献时，检索到有关喷涂聚脲的文献，文章的作者就是被誉为"世界聚脲之父"的美国化学家 Dudley Primeaux。

在 20 世纪 90 年代初的中国，还没有电子邮件、互联网，更没有智能手机、社交软件，与国外唯一的通信联系方式——英文打字机打印信件。

经过近两年的书信往来、资料准备和技术调研，结合课题的需要，黄微波于 1995 年正式向单位提出，开展喷涂聚脲技术研究。这在当时中国的科研和信息条件下，都是一件极其困难的事情。当时的困境是：既没有米、也没有锅。所谓的米，指的是原料；锅，指的是喷涂设备。

首先，面临的是原料奇缺，关键原材料需要进口，例如：端氨基聚醚 D–2000、T–5000、液体胺类扩链剂 Ethacure®100、Ethacure®300、Unilink®4200；国产 MDI–50 没有专门的分离工艺和产品……

其次，没有该技术必需的高温、高压、撞击式混合喷涂设备……

最后，国内没有喷涂聚脲相关的资料和经验可以借鉴……

困难面前，黄微波没有退缩。1996 年 12 月他率领代表团赴美国 GUSMER 公司考察，开创破冰之旅，成功引进当时最为先进的 H–3500 主机、GX–7 喷枪，从此他带领科研团队踏上了在中国研发聚脲的征程。

为了破解喷涂聚脲在设备、工艺方面困扰团队的难题，1998 年 6 月 22—24 日，应海洋化工研究院的邀请，美国化学家 Dudley Primeaux 先生进行了为期三天的讲学和技术指导。

在海洋化工研究院丁德富院长的大力支持、Dudley Primeaux 的热情指导下，仅用短短三年时间，黄微波就率领科研团队实现了零的突破，于 1998 年 9 月 18 日在国内研发成功喷涂聚脲技术，使我国成为继美国之后，在世界上拥有聚脲自主知识产权的国家。

二、从小到大

2000 年美国成立"聚脲发展协会"（Polyurea Development Association, PDA）。为了更好地推动喷涂聚脲技术在世界各地的蓬勃发展，及时交流信息、开发市场、资源共享，2001 年理事长 Dudley Primeaux 提名黄微波担任国际理事（International Director of The PDA Board），获 PDA 理事会全票通过，任期为 2002—2004 年。之后，黄微波又担任过两届国际理事，开辟了中国聚脲与世界聚脲的交流窗口。

黄微波根据在国内率先开展喷涂聚脲技术研究与开发的成果和切身体会，在参考大量国内外文献的基础上，于 2005 年 7 月主编出版《喷涂聚脲弹性体技术》，中国工程院院士、原黎明化工研究院院长李俊贤和美国化学家、喷涂聚脲发明人 Dudley Primeaux 为专著作序。

该书的出版发行对推动聚脲技术在我国运动场馆、高速铁路、跨海大桥、世博园区、南水北调、水库大坝等大型户外基础设施的应用，发挥了教科书和培训教材的双重作用。越来越多的工程逐渐从传统的涂料、卷材、玻璃钢中解放出来，在喷涂聚脲的花园中绽放异彩。这些领域的开拓，特别是从 2009 年京沪高速铁路路基喷涂聚脲防护工程开始，聚脲材料在中国的应用范围和消费量就远远超越了美国，中国由此成为引领世界聚脲材料大规模应用潮流的先锋队。

1998 年 9 月 18 日，中国喷涂聚脲技术在海洋化工研究院诞生，如何迈出第一步去接受户外工程的实际考验？黄微波带领团队敢想敢干，于 1999 年 5 月完成面积不足 100 平方米的青岛海豚馆室外表演水池防渗漏工程，之后，相继完成青岛海洋化工研究院 550 平方米篮球场、大连极地海洋世界 3000 平方米混凝土看台、北京 2008 年奥运会场馆 30 万平方米混凝土看台的施工，为喷涂聚脲走向中国大型基础设施的大规模应用奠定了基础。

在 2007 年京津城际铁路成功应用喷涂聚脲的基础上，2009 年启动了迄今为止世界上最大的聚脲工程——京沪高速铁路路基喷涂聚脲防护工程。铁道部特邀黄微波担任此工程的首席科学家，为行业发展制订技术规范、为高铁现场施工培训专业技术人才。

京沪高铁北起北京南站、南到上海虹桥，全长 1318.4 千米，喷涂聚脲的面积达到 1200 万平方米，使用聚脲高达 25000 吨，中国由此成为世界头号聚脲消费大国。全国共有包括东方雨虹在内的 10 余家公司中标，京沪高铁全面带动了中国聚脲事业的快速发展。

2011 年青岛胶州湾跨海大桥主索塔墩台出现海水严重腐蚀问题，黄微波带领科研团队以红岛正令码头为营地，历经 3 个多月的艰苦奋战，首次积累了喷涂聚脲技术在沿海大型基础设施应用的成功经验。

2013 年在建的港珠澳大桥 6300 米沉管隧道接缝防水工程，借鉴青岛胶州湾跨海大桥的成功经验，在沉管隧道环形接缝处实施聚脲喷涂，完美地解决了传统橡胶止水带无法克服的困难，为接下来的南水北调工程打下基础。

沉管隧道的制作现场位于珠江入海口的桂山岛，四面环海、高温高湿，青岛沙木新材料公司使用黄微波研发的 QTECH-412 桥梁防护聚脲材料，以其纯聚脲、高性能的卓越表现，赢得了在施工现场多次抽检 100% 合格的荣誉。

2010 年，黄微波带队首次将喷涂聚脲技术应用于遭受严重冻融摧残的山西恒山水库大坝，为解决北方地区混凝土基础设施的防寒抗冻难题探索途径。

随后，青岛理工大学、青岛沙木新材料有限公司研制的 QTECH-401 聚脲材料，又在溪洛渡水电站泄洪道抗冲耐磨获得成功应用，为水利行业大规模应用聚脲技术扫清了障碍。

2015 年青岛沙木新材料有限公司参与南水北调工程，为 U 型渡槽接缝防渗漏工程提供了 30 万平方米喷涂聚脲的优质服务；黄微波教授应国务院南水北调工程指挥部的邀请，多次赶赴施工现场指导工程技术人员工作。20 多年来，喷涂聚脲在我国基础设施应用的面积从小到大，不断增加。

长期以来，人们一直认为喷涂聚脲只适合于户外大型基础设施的防护，但当黄微波教授率先将该技术引入头盔、音箱等制造业的时候，居然在我国形成了年产数百万顶头盔、数百万平方米木质音箱流水线的巨大市场，它标志着喷涂聚脲从户外工程施工向室内批量生产的转型，应用领域进一步拓宽。

除此之外，码头护舷、管道内壁、管道外壁、空投箱、外卖箱、浴缸内衬、防腐衬里、车用电池箱、铁路货运车厢、渔船冷冻舱等制品，都在陆续转向喷涂聚脲。

三、从大到强

在从聚脲大国向聚脲强国奋进新征程中，黄微波带领团队开展了大量基础科学研究工作，先后研发出 4 代产品，其中第 1、第 2 代产品是在海洋化工研究院完成的，是为追赶国际先进水平迈出的坚实步伐；第 3、第 4 代产品是 2008 年调任青岛理工大学后带领功能材料研究所完成的，不仅全面超越美国某公司的产品指标，还在综合抗爆力学性能方面超越国外其他品牌。

作为一种新诞生的高分子材料，人们对喷涂聚脲老化行为和抗老化措施还不了解。为此，黄微波率先研究聚脲材料老化与防老化行为。他于 2000 年 7 月开始户外挂片，积累老化数据、观测老化行为、研究抗老化机理，至今已有 24 年。

2010 年 10 月，在获取第一批 10 年户外老化结果后，黄微波设计了四款耐老化、纯聚脲配方：QF-192、QF-193、QF-194、QF-195；同时与美国某公司的相关产品进行对比试验。2020 年 10 月获得第二批试验结果，数据显示：QF 系列产品经历 10 年户外自然曝晒老化的性能仍保持原值的 80% 以上，而国外相关产品仅保持 25%，再一次超越国际知名品牌。

面对国内大型基础设施设计寿命超过 100 年的现实情况，黄微波教授根据长期从事特种涂层研究的经验和体会，最早于 2008 年就提出了"一次施工、百年免维护"的超级防护概念。但是，100 年的自然老化数据积累太过漫长，人们必须找到一种能够加速测试的方法。

Dudley Primeaux 先生曾经通过 3000 小时的人工紫外光加速老化（QUV）预测聚脲材料的自然老化寿命为 75 年。黄微波认为：3000 小时QUV 太短了。为此他带领团队连续做了 35000 小时的超长测试。结果表明：经他设计的 QF-192、QF-193 配方经受住了考验，预期寿命在 140 年以上，从而为光伏屋面、海上风电、钻井平台、悬索吊具等永久设施，提供了"一次施工、百年免维护"的物质保障。

黄微波为我国舰艇的减振降噪研制出了著名的"T54/T60 舰船用阻尼材料"。该材料已在 1000 余艘舰船上广泛应用，并于 1991 年 8 月获批国家发明专利权，成为海洋海工研究院第一个获得国家发明专利权的高科技产品，为此荣获 1997 年化工部科技进步二等奖、1998 年国家科技进步三等奖、1999 年中国专利优秀奖。

2008 年调任青岛理工大学以后，黄微波针对轨道交通减振降噪的迫切需求，利用聚脲技术的优势，研制出 QTECH-413 混凝土道床喷涂型阻尼材料、QTECH-506 浮置板道床弹簧阻尼器自动浇注型阻尼材料，使得过去以防护功能为主要目的的喷涂聚脲，跃升至兼具减振降噪和防水防护双重功能的材料，极大地拓宽了聚脲技术的应用范围，属国内外首创。

2015 年国外某公司的防爆视频不断冲击国内媒体，引发人们对聚脲抗爆的浓厚兴趣。黄微波凭借其扎实的高分子材料专业功底，组织功能材料研究所的师生们转向聚脲抗爆材料和抗爆机理研究。经历无数次的霍普金森压杆撞击试验、综合力学性能测试，筛选出 QTECH-420 抗爆聚脲配方。经过 17 吨叉车 30 千米 / 小时的撞击测试，QTECH-420 抗爆聚脲表现出优异的吸能、防撞性能，为国内铝合金油罐车的安全问题提供了解决方案。

2020 年 8 月，全国 10 千克 TNT 贴爆比武在某国家重点实验室举行。爆炸结果显示：仅有青岛理工大学的参赛样品，以 9mm 的涂层厚度，获得本次比武唯一"零破片"的骄人战绩。

俗话说：三分涂料、七分施工。尽管喷涂聚脲弹性体技术属于涂层施工技术范畴，但是由于聚脲自身快速固化的特殊性质，其喷涂施工的难度远远大于普通油漆和涂料。

2009年为满足京沪高速铁路路基聚脲防护工程对专业施工人员的迫切需要，黄微波创立了著名的"QTG喷涂聚脲现场培训班"，讲授他对聚脲技术的深刻理解：一分聚脲、九分施工。他认为：专业培训不是花钱买证，而是要把喷涂聚脲科学的原理、专业的要求、规定的动作、违规的后果以及补救的措施等。通过师者的传道、授业、解惑，让每一位受训者产生共鸣。截止到2019年年底，"QTG喷涂聚脲现场培训班"共举办20期，培训国内外学员近400人，获得广泛好评。

伴随着动车、高铁技术的普及，越来越多的隧道面临高速列车在会车时的巨大负压冲击，加上一些地区地质结构复杂，隧道混凝土掉块、脱落的现象时有发生，严重威胁列车运行安全。2021年应有关方面的邀请，黄微波首次在国内专业会议上提出：采用喷涂聚脲技术实施隧道防掉块技术升级。面对十分复杂的施工环境、十分有限的施工窗口期、十分艰苦的夜间作业，他带领团队奋战在施工现场，认真勘验混凝土基材，确定以高渗透、快凝固、短养护的综合配套技术方案，仅仅以5mm厚度的QTECH-190G涂层托举起15吨的巨型混凝土掉块，为提高西南地区铁路运行的安全性迈出了坚实的一步。

早在2003年，黄微波就提出采用喷涂聚脲技术为运载火箭、舰艇船舶实施超级防护，替代传统的玻璃布缠绕工艺，进一步提升火箭、舰船的稳定性和可靠性。在海洋化工研究院工作期间，黄微波主持完成了相关系列材料的研制，2008年调任青岛理工大学以后，该工作由海洋化工研究院继续完善，并一直沿用至今。

虽然离开了海洋化工研究，并从青岛理工大学退休，但面对国防和国民经济的高端需求，黄微波依然展现出他的高瞻远瞩，并将带领科研团队不断向着更高、更强的目标奋进。

第 4 章 chapter four

中国聚氨酯工业协会
发展情况

奋斗与辉煌
新时代的中国聚氨酯工业

一、发展历程

1984 年，全国聚氨酯行业协作组成立。协作组积极组织力量对我国聚氨酯行业进行调查研究，分析发展现状与存在的问题，组织编写了"六五""七五""八五"聚氨酯行业发展规划（草案）供有关部门参考；配合有关部门参与"七五"重点科技攻关发展规划的制定与组织实施。在原化工部炼化司的关怀和支持下，协作组根据 1985 年烟台会议的决议，于 1985 年年底在南京召开了《聚氨酯工业》编委会的成立大会，1986 年 2 月《聚氨酯工业》编辑部正式成立。在协作组成立的十年期间，共组织了 7 次行业年会，为行业发展作出了巨大贡献。

1994 年 11 月，在全国聚氨酯行业协作组组织的第 7 次年会上召开了中国聚氨酯工业协会成立大会，产生了第一届理事会。

1994 年 12 月，中国聚氨酯工业协会于民政部正式登记注册。原化工部所属的黎明化工研究院为协会第一届理事会理事长单位，协会秘书处设在黎明化工研究院，主要工作人员由黎明化工研究院职工组成。 ·

中国聚氨酯工业协会成立 30 年以来，黎明化工研究院一直担任理事长单位，为协会发展付出了大量的人力和经济支持。第一至第四届理事会秘书处办公室设在洛阳，五届二次理事会决议将协会秘书处搬迁至北京，于 2012 年 3 月完成住所变更登记。

在中国聚氨酯工业协会登记成立的同时，民政部同时批准成立了 6 个专业委员会：聚醚、异氰酸酯、泡沫塑料、弹性体、涂料和胶粘剂专业委员会。1995 年成立革鞋用树脂专业委员会。2003 年全国环氧丙烷 / 丙二醇行业协作组并入中国聚氨酯工业协会聚醚专委会，2007 年成立水性聚氨酯、聚氨酯铺装材料专业委员会，2009 年成立聚氨酯设备专业委员会。2019 年 3 月，六届六次理事会通过决议成立聚氨酯助剂专业委员会。2020 年七届二次理事会通过决议，成立聚氨酯泡沫填缝剂专业委员会。七届二次理事会对协会的专业委员会进行了调整，包括：异氰酸酯、多元醇、泡沫塑料、弹性体、革用树脂、鞋底原液、防水和铺装材料、聚氨酯装备、水性材料、聚氨酯助剂和聚氨酯泡沫填缝剂等 11 个专业委员会。

1986 年创刊的《聚氨酯工业》是协会主办的专业性科技期刊，2019 年协会会刊增加了《化学推进剂与高分子材料》和《聚氨酯及其弹性体》（2022 年停刊）。

2014 年中国聚氨酯工业协会获得民政部全国性社会组织评估 3A 等级，2019 年通过 3A 等级复审。

2017 年，经石化联合会党委批准，与中国合成树脂协会成立联合党支部。2023 年 5 月，协会党支部组织与会的全体党员进行了支部书记讲党课，并参观遵义会议旧址、四渡赤水纪念馆。2024 年 7 月，协会党支部组织干部、党员开展"牢记使命，赓续伟大建党精神"主题党日活动，前往"一大"纪念馆参观学习。

2019 年，中国聚氨酯工业协会七届一次理事会发布成立 25 周年纪录片《中国聚氨酯工业辉煌历程》，文集《砥砺前行　逐梦奋进——中国聚氨酯行业风云录》。行业纪录片改编为 4 集央视纪录片，于 2019 年 9 月底在央视老故事频道连续播出；文集在机械工业出版社正式出版。

2019 年协会秘书处组织专家对行业发展现状、发展趋势进行调查、研究，开始编写行业"十四五"发展指南，经过专家组多次修订形成终稿，于 2021 年 4 月正式发布，在《聚氨酯工业》2021 年第二期全文刊登。

2020 年开始，中国聚氨酯工业协会团标委开展团体标准的制修订工作，目前共完成并发布 21 项，正在编制 4 项。

2020 年 9 月，中国聚氨酯工业协会收到协会脱钩实施方案的批复，协会脱钩工作彻底完成。

2020 年开始，协会秘书处对《中国聚氨酯工业协会章程》（以下简称《章程》）进行修改，提交七届五次理事会表决通过，报民政部进行审核，2022 年 11 月通过初审。后表决通过，并依照规定在民政部完成备案登记。修订后的《章程》增加了党的建设以及社会主义核心价值观等相关内容。

二、组织结构

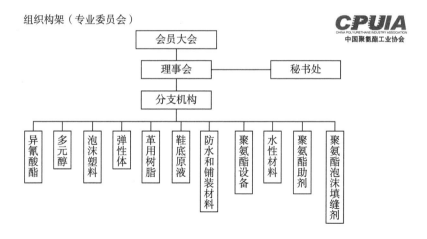

组织构架（专业委员会）

三、历任领导

届次	理事长	秘书长	任期
第一届	徐归德	李俊贤	1994 年 12 月至 1998 年 11 月
第二届	徐归德	翁汉元	1998 年 12 月至 2002 年 11 月
第三届	郑怀民	张杰	2002 年 12 月至 2006 年 11 月
第四届	李志强	张杰	2006 年 12 月至 2010 年 11 月

届次	理事长	秘书长	任期
第五届	李志强	朱长春	2010 年 12 月至 2014 年 11 月
第六届	杨茂良	朱长春	2014 年 12 月至 2019 年 11 月
第七届	杨茂良	吕国会	2019 年 12 月至今

四、协会年会和会员大会

1986 年 11 月，在常熟召开全国聚氨酯行业第三次年会；

1988 年 11 月，在烟台召开全国聚氨酯行业第四次年会；

1990 年 8 月，在承德召开全国聚氨酯工业发展研讨会；

1990 年 11 月，在洛阳召开全国聚氨酯行业协会（筹）第五届年会；

1994 年 11 月，在常州召开全国聚氨酯行业第七次年会；

1996 年 10 月，在天津召开中国聚氨酯工业协会第八次年会；

1998 年 10 月，在郑州召开中国聚氨酯工业协会第九次年会，第二次会员大会换届成立第二届理事会；

2000 年 10 月，在上海召开中国聚氨酯工业协会第十次年会；

2002 年 10 月，在无锡召开中国聚氨酯工业协会第十一次年会，第三次会员大会换届成立第三届理事会；

2004 年 8 月，在上海召开中国聚氨酯工业协会第十二次年会；

2006 年 9 月，在上海召开中国聚氨酯工业协会第十三次年会，第四次会员大会换届成立第四届理事会；

2008 年 9 月，在上海召开中国聚氨酯工业协会第十四次年会；

2010 年 11 月，在上海召开中国聚氨酯工业协会第十五次年会，第五次会员大会换届成立第五届理事会；

2012 年 9 月，在深圳召开中国聚氨酯工业协会第十六次年会；

2014 年 9 月，在上海召开中国聚氨酯工业协会第十七次年会，第六次会员大会换届成立第六届理事会；

2016 年 7 月，在上海召开中国聚氨酯工业协会第十八次年会；

2018 年 7 月，在上海召开中国聚氨酯工业协会第十九次年会；

2019 年 9 月，在广州召开中国聚氨酯工业协会成立 25 周年庆祝大会，第七次会员大会换届成立第七届理事会；

2020 年 11 月，在苏州召开中国聚氨酯工业协会第二十次年会暨 2020 中国聚氨酯行业发展论坛；

2023 年 3 月，在上海召开中国聚氨酯工业协会第二十一次年会暨 2023 中国聚氨酯行业发展论坛；

2024 年 11 月，拟在上海召开中国聚氨酯工业协会成立 30 周年庆祝大会，同期召开第二十二次年会暨 2024 中国聚氨酯行业发展论坛。

五、中国国际聚氨酯展览会

第一届：1995 年 9 月，北京国际会议中心（五矿主办）；

1997 年 9 月，北京国际会议中心（中国聚氨酯工业协会主办）；

第二届：1998 年 9 月，上海展览中心（五矿主办）；

第三届：2000 年 9 月，上海展览中心（中国聚氨酯工业协会、五矿联合主办）；

第四届：2002 年 9 月，上海世贸商城（中国聚氨酯工业协会、五矿联合主办）；

第五届，2004 年 9 月 3—5 日，上海世贸商城（中国聚氨酯工业协会、五矿联合主办）；

第六届，2006 年 9 月 5—7 日，上海浦东新国际博览中心（中国聚氨酯工业协会、五矿联合主办）；

第七届，2008 年 9 月 5—7 日，上海浦东新国际博览中心（中国聚氨酯工业协会、五矿联合主办）；

第八届，2010年5月26—28日，深圳会展中心（中国聚氨酯工业协会、五矿联合主办）；

第九届：2011年9月6—8日，上海浦东新国际博览中心（中国聚氨酯工业协会、五矿联合主办）；

第十届，2012年9月18—20日，深圳会展中心（中国聚氨酯工业协会、五矿联合主办）；

第十一届，2013年9月10—12日，南京国际博览中心（中国聚氨酯工业协会、五矿联合主办）；

第十二届，2014年9月3—5日，上海浦东新国际博览中心（中国聚氨酯工业协会、五矿联合主办）；

第十三届，2015年8月31至9月2日，广州保利世贸博览馆（中国聚氨酯工业协会、五矿联合主办）；

第十四届，2016年8月2—4日，上海世博展览馆（中国聚氨酯工业协会、五矿联合主办）；

第十五届，2017年8月29—31日，广州保利世贸博览馆（中国聚氨酯工业协会、五矿联合主办）；

第十六届，2018年8月1—3日，上海世博展览馆（中国聚氨酯工业协会、五矿联合主办）；

第十七届，2019年9月5—7日，广州保利世贸博览馆（中国聚氨酯工业协会、五矿联合主办）。

第十八届，2021年7月28—30日，上海世博展览馆（中国聚氨酯工业协会、五矿联合主办）；

第十九届，2023年8月2—4日，广州保利世贸博览馆（中国聚氨酯工业协会、五矿联合主办）；

第二十届，2024年7月17—19日，上海世博展览馆（中国聚氨酯工业协会、五矿联合主办）。

六、建言献策（近 5 年）

1. 2018 年委托生态环境部固体废物和化学品管理技术中心，对聚氨酯行业固体废物危害特性进行研究。2021 年完成了《聚氨酯行业典型固体废物危害特性分析、利用处置和环境管理战略研究报告》，对异氰酸酯、多元醇包装容器、聚醚多元醇滤渣等的危害特性进行了分析和研究，并提出了处置和管理意见，为行业固废管理提供了技术支撑。

2. 2020 年对"优先控制化学品目录（第二批）"进行合理的意见和建议，TDI、MDI、MDA、MOCA 等暂未列入目录。

3. 提出合理的行业意见，在 2021 年 1 月 1 日开始实施的《国家危险废物名录（2021 版）》中代码 256-101-13 的规定，聚氨酯类不合格制品不再列入危险废物名录。

4. 针对国家发改委《产业结构调整指导目录》征求意见稿，提出行业的合理化建议，2023 年 12 月正式发布的《产业结构调整指导目录》（2024本）淘汰目录中氯醇法工艺"氯醇法环氧丙烷和环氧氯丙烷钙法皂化工艺（2025 年 12 月 31 日，每吨产品的新鲜水用量不超过 15 吨且废渣产生量不超过 100 千克的除外）"。

5. 针对《重点管控新物质清单（2023 年版）》和《中国严格限制的有毒化学品名录（2023 年）》，协会积极响应，联合会员企业发表声明，坚决执行锻炼氯化石蜡淘汰的规定要求，不采购、不适用含短链氯化石蜡的原料。

6. 针对《国家危险废物名录（修订稿）（征求意见稿）》提出合理建议，将 HW40 项添加豁免条件"如无特殊说明，所列醚和醚类化合物不包含醚类物质形成的聚合物"。希望能够解决困扰聚醚多元醇行业发展的滤渣问题。

七、中国聚氨酯工业协会工程技术中心

《中国聚氨酯工业协会工程技术中心管理办法》经六届六次理事会决议通过，于 2019 年年初开始协会工程技术中心的评审工作，截至 2024 年 11 月，协会工程技术中心评审工作如下：

2019 年 1 月，蓝星东大（现中化东大）、湘园新材"多元醇工程技术中心"和"聚氨酯扩链剂工程技术中心"通过评审；

2020 年 11 月，华天橡塑"聚氨酯弹性体工程技术中心"通过评审；

2021 年 9 月，东方雨虹"聚氨酯建筑防护节能工程技术中心"通过评审；

2021 年 11 月，美思德"聚氨酯助剂工程技术中心（表面活性剂、催化剂、抗氧剂）"通过评审；

2022 年 9 月，淄博正大"端氨基聚醚（聚醚胺）工程技术中心"通过评审；

2024 年 10 月，上海奇克氟硅、江苏奥斯佳提出的"聚氨酯抗老化剂工程技术中心""聚氨酯助剂可持续发展工程技术中心"进行评审，结果合格，截止到收稿，正在进行公示。

八、分支机构活动（近 5 年）

2019 年 5 月，在银川召开多元醇行业科研、生产、技术交流会；

2019 年 7 月，在厦门召开弹性体专委会 2019 年年会暨聚氨酯弹性体技术研讨会；

2019 年 11 月，在广州召开第五届水性材料前沿技术应用研讨会；

2020 年 10 月，《聚氨酯工业》编辑部在南通召开中国聚氨酯行业高新技术应用大会；

2020 年 11 月，在海口召开聚氨酯助剂专委会 2020 年年会暨助剂首次技术研讨会；

2020 年 12 月，在淄博召开中国 PO–PPG–PU 产业链高质量发展论坛；

2021 年 6 月，在成都召开多元醇行业科研、生产、技术交流会；

2021 年 9 月，在上海召开第六届水性材料前沿技术应用研讨会；

2021 年 10 月，《聚氨酯工业》编辑部在武汉召开 2021 中国聚氨酯行业技术大会；

2022 年 10 月，《聚氨酯工业》编辑部在常州召开 2022 中国聚氨酯行业技术大会暨高新技术应用论坛；

2023 年 4 月，在绍兴召开弹性体专委会 2023 年年会暨聚氨酯弹性体技术研讨会；

2023 年 5 月，在贵州召开聚氨酯助剂专委会 2023 年年会暨助剂技术研讨会；

2023 年 7 月，在溧阳召开第 13 届多元醇科研、生产、技术交流大会；

2023 年 8 月，在广州召开第 7 届中国水性前沿技术应用研讨会；

2023 年 10 月，《聚氨酯工业》编辑部在宁波召开 2023 中国聚氨酯行业技术大会；

2024 年 8 月，在承德召开聚氨酯助剂专委会 2024 年年会暨助剂技术研讨会；

2024 年 10 月，《聚氨酯工业》编辑部在合肥召开 2024 中国聚氨酯行业技术大会。

九、中国聚氨酯行业"十四五"发展指南

"十三五"期间，我国已成为全球最大的聚氨酯原材料和制品的生产基地和应用领域最全的地区，主要原材料产能占比超过全球产能的 1/3。2020 年我国各类聚氨酯产品的消费量已达 1175 万吨（含溶剂），聚氨酯工

业开始进入高质量发展时期。异氰酸酯制造技术居世界先进水平，各类配套设施逐步完善，产业布局趋于合理；多元醇生产技术和科研创新能力不断提升，差异化发展进程加快，高端产品不断涌现，与国外先进水平差距不断缩小，结构调整空间大；主要助剂研发、生产水平持续提升，产品具有一定的国际市场竞争力；聚氨酯装备功能、性能明显提升。聚氨酯产业体系完善，产品门类齐全，应用市场趋于成熟。

在我国聚氨酯工业加快结构调整和产业技术升级的过程中，行业还存在着技术创新能力不足，产业集中度偏低，低端产品同质化严重，可持续发展能力不足，绿色化、智能化、标准化水平有待提高等诸多问题。面对复杂严峻的国际形势，"十四五"期间，行业发展将面临较大的不确定性。

为促进聚氨酯行业健康、可持续、高质量发展，依据《"十四五"规划和 2035 年远景目标纲要》，结合行业现状，中国聚氨酯工业协会提出本行业发展指南。

1 指导思想

坚持以习近平新时代中国特色社会主义思想为指导，贯彻落实党的十九大及历次全会和中央经济工作会议精神，以供给侧改革为主线，按照高质量发展的根本要求，紧抓创新驱动和绿色发展两大战略，引导企业瞄准国际发展前沿方向和技术，自主创新，强化产学研用相互合作，构建创新生态，着力突破行业重大关键技术，推动行业绿色、低碳、智能发展，促进产业科学布局、突出优势、园区化发展，营造公平竞争的市场环境，提高我国聚氨酯工业的国际竞争力，形成国内国际双循环相互促进的新发展格局，促进我国聚氨酯行业的健康可持续发展。

2 发展方向及目标

"十四五"期间，聚氨酯行业要贯彻创新、协调、绿色、开放、共享的新发展理念，以供给侧结构性改革为主线，以调结构、促升级为主攻方向，积极参与"双循环"，助力实现碳达峰碳中和远景目标，大力实施创新驱动和绿色可持续发展战略，推动产业结构、产品结构、布局结构不断优化，逐步解决发展不平衡、不充分的问题，达到全面推进行业高质量发展的目标。

2.1 创新目标

推动科技创新，加强聚氨酯基础和应用研究。鼓励企业自主创新，加强知识产权保护，着力突破一批共性关键技术和成套工艺装备；积极开发和推广基础原材料、副产资源综合利用项目；着力构建以企业为主体、市场为导向、产学研用相结合的产业技术创新体系。

2.2 产品目标

进一步优化产品结构，提高产品性能和质量。重点开发高性能、高附加值终端产品，提高绿色化、高端化、差异化、功能性产品供应能力；加快新产品市场培育，拓宽聚氨酯及其复合材料、改性材料的应用领域；提高应用技术，提升用户体验。

2.3 产业目标

加快行业整合步伐，提升行业技术水平、企业单体规模、产业集中度、上下游一体化水平。鼓励通过兼并、重组、股份制改造等方式组建集团公司，形成具有国际竞争力和品牌知名度的大规模综合性聚氨酯生产企业，在稳产保供方面充分发挥平台企业的带动作用。支持原料企业按照国家"退城入园"政策入驻化工园区；大力发展智慧化、高端化聚氨酯材料示范园区；推动园区成为产学研结合的产业孵化器，加快科技成果转化和产业链条的完善，培育上下游一体化、配套齐全的聚氨酯新材料产业集群。

2.4 绿色发展目标

坚持绿色、循环、低碳发展理念，提升安全环保水平。重视生产和应用过程中的健康管理，积极推进本质安全技术、清洁生产技术与可再生资源和过程排放控制技术，推广绿色生产工艺和环保型产品，履行社会责任；降低聚氨酯原料及制品生产工艺的能耗与排放，加快生物基、可降解、可回收产品的研发和推广，注重聚氨酯材料的回收、处理和再利用，为推动低碳发展，助力实现我国碳达峰、碳中和远景目标提供技术支持和产品支撑。

2.5 数字化、智能化目标

提升信息化、智能化水平。将数字化技术应用于生产、销售、储运、管理等全流程，打通各环节"信息孤岛"，优化资源利用率，提升生产效率和管理服务水平，实现安全环保、降本增效。

2.6 标准化目标

加强标准化体系建设，规范行业发展。积极推动国标、行标、团标制修订工作，开展行业智能化标准应用体系建设。

3 主要任务

3.1 聚氨酯原料

3.1.1 异氰酸酯

TDI 和 MDI 是重要的异氰酸酯品种，在"十三五"期间取得了较快发展。2020 年，我国 TDI 产能达 138 万吨；与"十二五"期末 TDI 产能的 89 万吨相比，"十三五"期间年均增速约 9%。主要消费领域为软泡和涂料行业，占总消费量的 84% 左右。"十二五"末期，我国 MDI 产能 305 万吨，到 2020 年产能达 334 万吨，据统计，2020 年我国各类 MDI 产品的消耗量为 244.5 万吨。我国已经成为最重要的 TDI、MDI 生产基地。2016~2020 年我国异氰酸酯产能情况见表 1。

表 1　2016~2020 年我国异氰酸酯产能统计　　　　　　　单位：万吨

年份	2016	2017	2018	2019	2020
TDI 产能	84	84	84	121.5	138
MDI 产能	305	305	329	334	334

"十四五"期间，异氰酸酯行业的发展重点包括：

（1）产业结构调整，规模化、一体化发展；

（2）加强能量集成和能源综合利用，提升清洁生产水平，实现降本增效；

（3）重视特殊二元胺类开发，完善异氰酸酯品类；

（4）提升硝化、光气及光气化本质安全水平，为聚氨酯行业提供稳定、可靠的原料。

3.1.2 环氧丙烷－多元醇

我国 PO 约 75% 用于生产聚醚多元醇。"十二五"末期我国 PO 的产能约 305 万吨，到 2020 年产能达 336.7 万吨，拟建项目和规划项目超过 500 万吨。2020 年全球 PO 的产能达 1173 万吨，亚洲占比超过一半。

表 2 为 2016—2020 年我国 PO 生产工艺对应产能情况。

表 2　2016—2020 年我国 PO 生产工艺对应产能情况　　　单位：万吨

工艺	2016 年	2017 年	2018 年	2019 年	2020 年
氯醇法	176.2	176.2	176.2	176.2	176.2
PO/MTBE	24	48	48	48	48
PO/SM	60.5	60.5	60.5	60.5	60.5
CHP	0	0	0	12	12
HPPO	40	40	40	40	40
总计	300.7	324.7	324.7	336.7	336.7

"十三五"期间，我国聚醚多元醇技术水平不断提高，产量不断增加，聚醚规格、牌号基本齐全，基本满足了国内市场需求。

2016—2020 年，聚醚多元醇的产能、产量及消费情况见表 3。

表 3　2016—2020 年聚醚多元醇产能、产量情况　　　单位：万吨

年份	2016	2017	2018	2019	2020
全球产能	1130.2	1147.7	1196.7	1191.7	1308.7
国内产能	487	515	505.5	500.5	597.5
国内产量	252.3	263	271.5	288	273.4

"十四五"期间，PO、多元醇行业发展重点包括以下几方面：

（1）关注 PO 产能过剩风险；

（2）加快氯醇法烧碱皂化技术工程化应用，解决环保问题，实现资源综合利用；

（3）关注共氧化法的经济性；

（4）推动 PO—聚醚多元醇一体化建设；

（5）注重聚醚多元醇生产技术及装备开发，完善提升连续化生产技术装备；

（6）开发高品质低气味低 VOC 多元醇以及 CO_2 基、生物质多元醇；

（7）优化聚酯多元醇装备、过程控制，提高产品品质，增加产品种类。

3.1.3 助剂

聚氨酯助剂包括催化剂、发泡剂、扩链剂、稳定剂、抗氧化剂、阻燃剂、脱模剂等。

"十四五"期间，聚氨酯行业应加大对功能性、绿色安全环保型助剂的复合技术开发及应用，积极推进发泡剂 ODS 替代，建立并推广烷烃发泡剂的安全操作指南。

3.2 聚氨酯制品

3.2.1 聚氨酯泡沫

聚氨酯泡沫制品是目前应用最为广泛、用量最大的聚氨酯产品，主要包括聚氨酯软泡和聚氨酯硬泡。2020 年我国聚氨酯泡沫的消费量约 467.1 万吨。2016—2020 年聚氨酯泡沫消费情况见表 4。

表 4　2016—2020 年聚氨酯泡沫消费情况　　　　　单位：万吨

年份	2016	2017	2018	2019	2020
聚氨酯硬泡消费量	162	176	180	183	206
聚氨酯软泡消费量	212	255	261	260	261
聚氨酯泡沫消费量	378	431	441	443	467

"十四五"期间，聚氨酯泡沫行业发展包括以下几方面：

（1）硬泡行业应拓宽在建筑领域的应用，注重烷烃发泡生产安全规范，加强高阻燃产品推广，开发推广环境友好型喷涂发泡工艺；

（2）软泡行业应推广绿色、环境友好型产品，提高产品质量，提升用户体验；

（3）开发推广废旧泡沫塑料的回收、处理与再利用技术。

3.2.2　涂料、胶粘剂、密封剂、弹性体（CASE）

"十三五"期间，聚氨酯 CASE 产品中，弹性体发展较快，涂料、胶粘剂稳步发展，鞋革树脂受环保、贸易摩擦及其他材料冲击等因素影响，市场有所萎缩。表 5 为 2016—2020 年聚氨酯 CASE 产品消费情况。

表 5　2016—2020 年聚氨酯 CASE 产品消费情况　　　单位：万吨

年份	2016	2017	2018	2019	2020
聚氨酯涂料（含溶剂）	174	188	195	205	195
弹性体（含 CPU、TPU、防水铺装、氨纶和鞋底原液）	181	206	229	247	264
合成革浆料（含溶剂）	190	185	185	170	151
密封剂/胶粘剂（含溶剂）	65	75	82	89	97

"十四五"期间，CASE 行业发展主要包括以下几个方面：

（1）大力推动产品向水性化、无溶剂、高固含量方向发展；

（2）加大 CASE 用基础原材料结构设计和合成技术研发，重点关注聚天门冬氨酸酯聚脲的应用；

（3）着力开展水性化基础理论和工程技术研究；

（4）推广聚氨酯材料在装配式建筑中的应用；

（5）提升产品性能，开发功能型新产品，拓宽应用领域，推广弹性体类产品在轨道交通、电力传输等新型基础设施建设领域及医疗领域的应用；

（6）开发差异化、功能性、高附加值氨纶产品；

（7）推广零甲醛添加人造板用聚氨酯胶粘剂的技术应用；

（8）推广聚氨酯材料在基建铺路的施工以及聚氨酯粘合剂道路修复中的应用；

（9）加强聚氨酯防水材料结构—性能—耐久年限关联性研究和应用技术研究。

3.3 复合材料及改性材料

"十四五"期间，聚氨酯复合材料及改性材料行业应聚焦先进的功能性材料，注重树脂材料技术、树脂与纤维复合技术、成型工艺技术及装备；扩展高性能复合材料应用范围。

4 保障措施

（1）做好"发展指南"的宣传贯彻，推动聚氨酯相关政策的落实，优化产业布局及结构调整，提升产品质量，提高高端产品的市场占有率。

提高行业集中度，推动聚氨酯产业集群发展，做大做强产业链，培育3—5个聚氨酯专业园区；加强人才战略、品牌战略，培养一批国内知名的企业，培育5—8个国内知名品牌，提高国际市场竞争力。

（2）切实履行行业协会职责，加强引导行业自律。

引导和督促行业内企业依法生产经营，推动行业诚信建设，建立健全行业规范和奖惩机制；进一步完善协会职能与管理水平，充分发挥行业协会的中介组织作用，及时跟踪行业经营生产中的共性问题，协调并积极解决问题；进一步倡导行业践行责任关怀，履行社会责任。

（3）做好经济运行分析监测、标准制订、创新方向指引等领域的工作，进一步建立和完善信息统计与发布、技术研发与交流、科研成果申报、知识产权保护、企业智能化升级等服务平台。

培育5—8个智能化试点企业、项目；建设3—5个聚氨酯行业工程技术中心，承担行业发展的关键和共性课题；定期发布行业生产经营和投资情况；做好单项冠军、专利奖等重点奖项的推荐工作；健全聚氨酯产品的标准规范，加快团体标准化建设。

（4）聚焦市场潜力大的新应用领域，组织优势企业共同进行产品推广。

打通生产、流通、消费各个环节，逐步形成以国内大循环为主体，国内、国际双循环相互促进的新发展格局；加强与国内外关联行业协会、企事业单位交流，定期举办行业间、国内外技术交流会、展会。

（5）提高产品环保、安全、健康等方面水平。

关注行业固体废物的回收、处置和再利用，推动完善法规、标准，提高聚氨酯泡沫的回收、处置和再利用比例，开发生物质原材料和可降解聚氨酯材料，建设 3—5 个工业化示范工程项目，推动行业可持续发展。

（6）加强媒体合作，创新和丰富宣传形式。

准确解读中国聚氨酯行业发展形势、经验与成就，广泛赢得社会理解和认同，讲好聚氨酯行业企业故事，提升聚氨酯行业形象，为行业发展营造良好的舆论和社会环境。

第5章 chapter five

媒体报道

奋斗与辉煌
新时代的中国聚氨酯工业

聚氨酯：新兴工业渐入快车道（2019年4月）

新中国成立 70 年来，我国聚氨酯行业从无到有，通过引进技术装置、吸收完善、自主创新，在原料生产和下游市场等多方面取得一系列辉煌成就，成为全球最大的聚氨酯产销国。

我国聚氨酯工业起始于 20 世纪 50 年代末 60 代初，以生产聚氨酯原料为起步。1958 年，大连染料厂率先研制成功异氰酸酯（TDI），并于 1968 年建成年产 500 吨生产装置，为我国聚氨酯工业开创了发展条件。

由于经济基础薄弱，我国聚氨酯工业发展缓慢。至 1978 年全国聚氨酯制品生产能力才达到 1.1 万吨，产量仅 0.5 万吨。1982 年全国聚氨酯原料生产能力不到 2 万吨，制品产量 0.7 万吨。聚氨酯机械当时主要处在手工和半手工状态，国内低压发泡机正处在研制过程中，还没有形成商品用于工业生产。这一时期为我国聚氨酯工业的初创阶段。

据中国聚氨酯工业协会秘书长吕国会介绍，改革开放后，我国开始引进国外先进的生产 TDI 的技术和装置，1983 年轻工部在山东烟台建立的年产 MDI 和 TDI1 万吨规模的项目投产。1984—1994 年，天津三石化、锦西化工、高桥石化、山东东大化工从国外引进聚醚多元醇生产装置和制品生产技术，通过国家"七五""八五"等科技攻关项目的扶植，逐步开发了高压反应注射成型机（RIM）、高回弹冷熟化泡沫生产技术。

引进国外技术和装置的同时，我国自主研发也取得了丰硕的成果。1986 年，黎明化工研究院的聚氨酯反应注射成型技术被国家列为"七五"科技攻关重点项目，开发了汽车用自结皮方向盘、填充料仪表板、微孔弹性体挡泥板、冷固化高回弹泡沫、吸能抗冲型保险杠模拟件等 5 种制品，填补了国家空白。

20 世纪 90 年代后我国经济持续高速发展。聚氨酯作为新型多功能高分子材料，在交通、家电、家具、冶金等领域得到越来越广泛的应用。需求的迅速增长进一步刺激了聚氨酯行业的发展。软质泡沫箱式发泡小企业蓬勃发展，冰箱生产基地的自动浇注硬泡绝热层生产线、夹心板材硬泡浇注生产线、连续法大块软泡生产线、模塑软泡生产线等总数达数百条，数千吨级到万吨级的聚氨酯涂料、胶黏剂等生产厂也有十多家。此时，全国从事聚氨酯制品和机器设备的生产、经营、科研单位有上千家。到 2000 年，聚氨酯制品年产量已达 102 万吨，1991—1998 年产量的平均年增长率超过 25%。但与此同时，我国聚氨酯原料的发展还相对滞后，甘肃银光、沧州化肥厂、太原化肥厂引进了小规模的 TDI 生产装置，多数 TDI 和 MDI 等聚氨酯原料还严重依赖进口，每年的进口量急剧上升。

进入 21 世纪，经过十几年的攻关研究和经验积累，聚氨酯作为新兴工业逐步进入发展快车道。以烟台万华为代表，我国的聚氨酯生产企业在生产规模、产品种类、技术水平等领域开始全面突破，龙头企业跻身国际舞台。到 2018 年，我国本土异氰酸酯企业共有 5 家，包括万华化学、甘肃银光、东南电化、沧州大化和烟台巨力，其中万华化学的 MDI、TDI 和聚醚多元醇产能均为国内第一。聚醚多元醇主要生产企业还有蓝星东大、佳化化学等。此外，红宝丽、一诺威、江苏湘园、华峰集团等聚氨酯企业也迅速发展。行业形成了跨国化企、大型国企和民营企业三足鼎立的局面。

目前，我国已经成为世界上最大的聚氨酯原材料生产基地和聚氨酯制品最大的生产消费市场。据统计，2018 年异氰酸酯链（TDI、MDI 和 HDI）总产量达到 357 万吨。其中 TDI 产量占总产量的 20% 以上，MDI

产量占总量的 70% 以上，聚醚多元醇产量 272 万吨。全年聚氨酯制品产量
达到 1130 万吨，聚氨酯泡沫塑料成为聚氨酯材料最重要的品种，产量占
聚氨酯制品总量的 50% 以上，合成革浆料、鞋底原液、氨纶和涂料等产品
也占有较大比重，其产品产量、消费量、外贸出口量均居全球第一。

TPU 市场前景可期（2019 年 7 月）

作为曾经被国外企业垄断的行业，近年来我国聚氨酯弹性体产业发展迅速，目前已经成为全球最大的聚氨酯弹性体市场增长区域。在近日于厦门举行的中国聚氨酯工业协会弹性体专委会 2019 年年会上，与会专家分享了聚氨酯弹性体技术创新和产品开发方面的新进展、新方向。

市场发展迅速

聚氨酯协会弹性体专委会高级工程师刘菁介绍说，热塑性聚氨酯弹性体（TPU）具有优异的耐磨性能，其拉伸强度高、伸长率大，耐油性能、耐低温性、耐候性、耐臭氧性能突出，硬度范围广，近年来在国民经济的许多领域如制鞋、医疗卫生、服装面料等方面得到广泛应用。

目前全球 TPU 市场主要集中在欧洲、美国以及亚太地区，其中以中国为首的亚洲地区是全球领先、攀升最快的区域市场。据中国聚氨酯工业协会弹性体专委会统计，2018 年，我国聚氨酯制品消费总量达到 1130 万吨，其中聚氨酯弹性体消费量约为 110 万吨，约占聚氨酯总消费量的 10%。

中国聚氨酯工业协会秘书长吕国会表示，我国目前是全球最大的聚氨酯生产和消费国，"十三五"以来，我国聚氨酯行业增速由高速转向低速，聚氨酯弹性体等市场进入创新发展和提升时期，向着高性能、高品质、环保和可持续的方向发展。

需求增速强劲

刘菁表示，TPU 的快速增长主要得益于制鞋业的发展和薄膜需求的增加，并且 TPU 的市场应用也正从传统的鞋类行业拓展到了医药、航空、环保等未来发展前景极好的行业。随着市场的发展，塑料在诸多行业的应用被 TPU 替代是必然趋势。

吕国会也表示，TPU 近期仍是聚氨酯中增速较快的产品之一。鞋材、薄膜、管材和线材等行业的需求将更加旺盛，在医疗器械、电缆电线和薄膜领域会进一步替代传统的 PVC 材料，在鞋材领域极有可能替代 EVA，预计未来 TPU 将保持 10% 或以上的增长态势。

据介绍，与浇注型聚氨酯（CPU）相比，TPU 制成最终产品一般不需要进行硫化交联，可以缩短生产周期，废弃物料能够回收加以利用，适合生产小件但数量可观的制品。近年来，TPU 在聚氨酯弹性体中的比重逐年增加，目前已经达到 40% 左右，2019 年其产能达到 95.4 万吨，产量达到 59 万吨，消费量达到 50 万吨。

创新成果涌现

随着聚氨酯应用领域的不断拓展，高性能、更可持续性的 TPU 需求日益增长，目前多家聚氨酯企业正加大相关的研发和创新力度。

山西省化工研究所副所长赵廷午介绍说，随着生产规模的逐渐扩大，聚氨酯弹性体产品的成本有所降低，品种也更多样化，市场需求提升，产业发展迅速。在国际市场，科聚亚、亨斯迈、科思创、博雷等企业的市场占有率较高，国内则形成了以山西化研所、苏州湘园、一诺威、黎明院、万华化学、淄博华天、上海鹤城、金汤科技等为代表的一批聚氨酯弹性体的研发、生产和配套企业。

作为中国最早研发出聚氨酯弹性体材料的单位，山西省化工研究所开发出了无砟轨道交通用聚氨酯阻尼材料、桥梁用聚氨酯支座、枕木用聚氨酯缓冲垫等交通用聚氨酯弹性体产品,以及聚氨酯筛板、耐磨板、旋流器、联轴节等矿山机械用聚氨酯弹性体。

针对海上可再生能源的需求,科思创开发了应用在海电缆及管道保护,包括弯曲加强器、弯曲限制器、海缆保护套等的弹性体;针对油气管道需经常清洗和检查,开发了弹性体清管器,能显著提高耐磨性和耐油性能,提升材料的耐用性。

青岛爱尔家佳新材料股份有限公司开发的喷涂用聚脲材料展现出优秀的耐高温、耐老化、防腐、强附着力等性能,特别适用于长效防腐、矿山耐磨、高档防水等要求高、不易维修的工程。

聚氨酯工业协会庆祝成立25周年（2019年9月）

9月4日，中国聚氨酯工业协会七届一次年会暨成立25周年纪念大会在广州举行。会议指出，25年来，在中国聚氨酯工业协会的引领下，我国聚氨酯工业从小到大、从弱变强，生产规模、产品种类、技术水平全面突破，已成为世界第一大生产与消费国。

中国聚氨酯工业协会理事长，昊华化工科技集团股份有限公司总经理、党委书记杨茂良在会上表示，改革开放以来，特别是中国聚氨酯工业协会成立25年来，聚氨酯作为新兴工业，在生产规模、产品种类、技术水平等方面全面突破，通过消化吸收、自主创新和不断超越，在原料生产和下游应用等领域均取得了一系列辉煌成绩，实现了从无到有、从小到大的跨越，为经济社会发展作出了卓越贡献。

据介绍，我国现已成为全球第一大聚氨酯材料产销国，主要大宗原料、产品生产技术水平已达到或接近国际先进水平，龙头企业跻身国际舞台，其中万华化学的MDI、TDI产能均为国内第一。据统计，2018年我国聚氨酯制品产量达到1130万吨，异氰酸酯链（TDI、MDI和HDI）总产量达到357万吨。其中，TDI产量占总产量的20%以上，MDI产量占总量的70%以上，聚醚多元醇产量272万吨。

中国石油和化学工业联合会党委副书记、副秘书长赵志平对中国聚氨酯工业协会成立25周年表示祝贺。他表示，在李俊贤院士的推动下，1984年10月全国聚氨酯行业组建了协作组。1994年，中国聚氨酯工业协会正式在民政部注册成立。25年来，中国聚氨酯工业协会充分发挥行业桥梁和纽带作用，在促进行业健康发展、维护行业合法权益、树立行业良好形象等方面作出了重大贡献，社会地位和影响力日益提高，成为推动我国聚氨酯工业发展的一面旗帜。

本次会议选举产生了协会新一届理事会，杨茂良再次当选为理事长。他表示，站在新的历史起点，聚氨酯行业要坚持创新发展，提高产业竞争力和可持续发展水平。聚氨酯协会要提升服务行业企业的能力，一要开展广泛宣传工作，使社会各界充分了解聚氨酯，使用聚氨酯，扩大聚氨酯应用领域；二要引领行业技术创新，加快产业升级，推动行业健康可持续发展；三要加强与政府的联系，解决行业共性问题，维护行业共同利益和市场秩序；四要加强组织建设，规范办会，不断提升公信力。

会议还发布了聚氨酯行业首部纪录片《中国聚氨酯工业辉煌历程》和报告文学《砥砺前行　逐梦奋进——中国聚氨酯行业风云录》。杨茂良表示，这是以我国聚氨酯行业发展为主体的首部纪录片和首部报告文学，不仅是对聚氨酯行业发展历史的纪念，也是对行业创新经验的深度总结，将为行业未来发展提供宝贵经验和借鉴。

聚氨酯行业奏响绿色创新主旋律（2019 年 9 月）

原料企业前两年"躺着赚钱"的日子已如白云黄鹤一去不返。正如中国聚氨酯工业协会理事长杨茂良所言，多年来聚氨酯行业增长率远高于 GDP 增速的情景难以再现，目前特种异氰酸酯、特种聚醚、高性能助剂、部分关键原材料等高端产品仍然依赖进口。面对这些挑战，聚氨酯行业和企业正在通过补短板、抢前沿、抓创新，推动聚氨酯行业持续前进。

在 2019 年 9 月 5—8 日于广州举行的第十七届中国国际聚氨酯展览会上，聚氨酯产业链条上 200 多家国内外知名企业参展，中国化工报记者走访多家聚氨酯企业展台，管窥行业创新升级之道。

环保技术受青睐

记者在展会上发现，参展观众除了关注产品的技术参数、工艺性能外，更对产品的环保性能表现出了浓厚兴趣。

在经历了数十年的高速增长之后，绿色环保解决方案已成为当前聚氨酯企业的创新重点。万华化学展示了聚氨酯在安全环保型产品领域的应用，包括车用聚氨酯系统、喷涂用聚氨酯催化剂系统及新型聚氨酯跑道扩链剂。其中，喷涂用催化剂系统主要解决传统胺类催化剂引起的气味和蓝眼效应等问题，可以保护施工人员的健康安全，同时具备优异的泡沫综合性能和安全环保等特点。

苏州湘园新材料股份有限公司董事长周建告诉记者，他们展出了包括 XYlink740M 固化剂在内的多种新型聚氨酯扩链剂、固化剂产品。740M 主要用作聚氨酯预聚体及环氧树脂的固化剂，可用于弹性体、胶黏剂、涂料、密封/灌装胶等，制备的弹性体具有优良的力学性能和耐热、耐水解性能，还可以用于食品接触场景。

"我们在展会上首次推出了具有自主知识产权的生物质聚合物多元醇（POP），一年的产能 6 小时就预订一空。"山东隆华新材料股份有限公司副董事长杜宗宪兴奋地说。生物质 POP 以生物油脂为原料，经加工改性后，具有低碳、低气味等突出优点，可以用于家具建材等领域。

此外，陶氏化学、朗盛、红宝丽、鹤城科技等多家聚氨酯企业在展出多项绿色创新成果的同时，也展示了聚氨酯给生活带来的巨大变化。

网红产品人气旺

网络经济时代的到来让不少传统企业措手不及。但记者在展会上发现，也有不少聚氨酯企业发挥技术产品优势大打"网红牌"，成功"吸粉"。

走进山东一诺威聚氨酯股份有限公司的站台，轮滑鞋、跑道、鞋模、电子灌封胶……各种展品琳琅满目，一款透明双面胶引起了记者的注意。"这是最近抖音上很火的一款网红产品，不仅黏性和柔韧性很强，而且用后不留痕迹，还可以水洗，重复利用。其实，这就是一款聚氨酯预聚体（CUP）产品。"一诺威公司副总经理陈海良介绍说。

不怕摔的鸡蛋是展会上的另一款网红产品。生鸡蛋喷上一种"黑科技"材料，就变得能摔能踩，异常结实。其实，这种所谓的"黑科技"就是喷涂聚脲材料。

在青岛爱尔家佳新材料股份有限公司的展台上，记者看到了"站人纸杯""抗摔西瓜"等各种喷涂聚脲展品。爱尔家佳总经理王宝柱介绍，喷涂聚脲弹性体技术突破了传统涂装技术的局限，具有施工快捷、性能优异、安全环保、随需而变等优势，市场需求十分强劲。"我们开发的喷涂聚脲产品作为一种高端的防水防腐材料，已应用于海洋防腐、工业防水防腐、军事防爆、地下管廊、海绵城市建设等多个领域。"王宝柱说。

助剂龙头忙创新

硅油等聚氨酯助剂具有直接用量不大但用途广泛的特点，为聚氨酯工业的发展提供了新材料基础和技术支持，因此被称为行业的"工业味精"和"创新催化剂"。多家聚氨酯助剂企业在展会上展出了聚氨酯助剂新产品。

江苏美思德化学股份有限公司董事长孙宇表示，美思德完成了"新一代绿色环保有机硅泡沫稳定剂开发和生产"行业攻关课题；围绕汽车、家具行业绿色环保的要求，开发出多种低气味、低 VOC、低 FOG 产品，为该领域绿色健康发展提供了专业化的解决方案。目前他们正在开发适用于新型环保发泡体系的低气味、低挥发、阻燃型匀泡剂等新一代聚氨酯匀泡剂。

江苏奥斯佳材料科技股份有限公司展出了聚氨酯用改性有机硅、聚氨酯用催化剂、水性胶黏剂、纺织助剂、水性树脂等。奥斯佳董事长张浩明表示，他们通过深耕聚氨酯用改性有机硅细分行业，进一步开拓特种助剂产品线，其张家港生产基地建设的年产 18000 吨有机硅表面活性剂、6000 吨水性胶黏剂项目即将投运。

南通恒光大聚氨酯材料有限公司总经理李强告诉记者，该公司建立了海绵与化学材料研发中心，致力于解决海绵气味问题以及可持续再生材料、降解材料的研发生产，他们研发的辛酸亚锡等创新产品在国内具有很高的市场占有率。近期，该公司的胺类催化剂、硅油表面活性剂、辛酸亚锡及其他各类聚氨酯助剂产品也都取得了不错的业绩。

新产业目录指导聚氨酯行业升级（2019年11月）

近日，国家发改委修订发布了《产业结构调整指导目录（2019年本）》（以下简称《目录》）。记者梳理发现，《目录》中涉及聚氨酯行业的内容多达14条。"这些内容主要分为三部分，分别是环氧丙烷（PO）等原料生产、新型聚氨酯产品的研发和应用、聚氨酯泡沫ODS替代。《目录》的出台将进一步引领聚氨酯行业转型升级、淘汰落后。"中国聚氨酯工业协会秘书长吕国会接受记者采访时表示。

环丙新工艺产能将稳增

《目录》提出，鼓励15万吨/年及以上直接氧化法环氧丙烷、20万吨/年及以上共氧化法环氧丙烷生产装置以及万吨级脂肪族异氰酸酯（ADI）生产技术开发与应用，限制氯醇法环氧丙烷和皂化法环氧氯丙烷生产装置。

吕国会表示，环氧丙烷的产业升级一直是聚氨酯行业关注的重点。《聚氨酯工业"十二五"发展规划建议》明确提出，淘汰环境污染严重的氯醇法，主要发展丙烯制环氧丙烷（HPPO）法。但是目前氯醇法依然占据行业的主流。

据中国聚氨酯工业协会统计，截至2018年年底，中国环氧丙烷总产能324.7吨，其中氯醇法工艺产能176.2万吨，占比超过50%；2019年，红宝丽12万吨/年装置投产。从目前规划的情况来看，我国2021年前规划建设新增PO产能约203

万吨，其中HPPO装置能力共135万吨，共氧化法环氧丙烷联产苯乙烯（PO/SM）法产能共68万吨。如大部分项目按期投产，将极大改善供需关系。

吕国会表示，下一步，聚氨酯行业要推动环氧丙烷—聚醚多元醇一体化建设，加速淘汰氯醇法，提高产业集中度。

ADI也是聚氨酯原料行业创新的重点。ADI较传统MDI/TDI具有更好的机械性能、化学稳定性及耐光耐候性，其包括HDI、HMDI、IPDI、XDI、HTDI等，其中HDI占比六成以上。ADI市场全部由赢创、科思创、巴斯夫等国际巨头占据，随着万华化学HDI、HMDI、IPDI项目陆续投产，我国在ADI产品系列取得了重大突破。目前，除万华化学外，还有多家聚氨酯企业也在积极研发ADI产品，争取在相关领域取得新突破。

环保产品开发空间广

在产品领域，聚氨酯行业高质量发展瞄准的是高性能、环保型新产品，特别是水性聚氨酯胶黏剂和水性聚氨酯涂料。

《目录》提出，鼓励水性木器、工业、船舶用涂料，高固体分、无溶剂、辐射固化涂料，低VOCs含量的环境友好、资源节约型涂料，用于大飞机、高铁等重点领域的高性能防腐涂料生产；热塑性聚酯弹性体（TPEE）、有机硅改性热塑性聚氨酯弹性体等热塑性弹性体材料开发与生产；改性型、水基型胶黏剂和新型热熔胶；改性沥青防水卷材、高分子防水卷材、水性或高固含量防水涂料等新型建筑防水材料。同时，限制新建、改扩建聚氨酯类溶剂型通用胶黏剂生产装置。

"环境、健康已经成为聚氨酯产业优先考虑和发展的方向之一。近年来，减少VOCs，使用水来替代或者部分替代溶剂的水性聚氨酯材料得到了长足发展，特别是在家装、家具、汽车、食品等领域表现得更为明显。"中国聚氨酯工业协会副秘书长韩宝乐告诉记者。

青岛爱尔家佳新材料股份有限公司总经理王宝柱表示，喷涂聚脲弹性体作为一种无溶剂环保新材料，具有优异的物理性能、防腐性能以及良好的耐候性，近期在技术研发与市场应用方面屡获突破，符合行业的发展方向。目前，爱尔家佳的喷涂聚脲弹性体已经用于海洋防腐、垃圾发电、污水处理等行业的防水、防腐、防护多个大型精品工程，并成功应用于70周年国庆彩车阻燃防护项目及2022年北京冬奥会场馆——首都体育场的屋面彩钢瓦修复工程。

ODS 替代仍是重点

目前，我国面临第二阶段含氢氯氟烃加速淘汰以及已淘汰ODS后续监管等新挑战，聚氨酯行业是涉及的重点领域，ODS替代是行业发展的重要任务。

这方面在《目录》中多有涉及，包括鼓励消耗臭氧潜能值（ODP）为零、全球变暖潜能值（GWP）低的ODS替代品；限制以含氢氯氟烃（HCFCs）为发泡剂等受控用途的聚氨酯泡沫塑料生产线；淘汰以氯氟烃（CFCs）为制冷剂和发泡剂的冰箱、冰柜，以CFCs为发泡剂的聚氨酯、聚乙烯、聚苯乙烯泡沫塑料生产，以一氟二氯乙烷（HCFC-141b）为发泡剂生产冰箱冷柜产品、冷藏集装箱产品、电热水器产品。

近期，相关部门也加大了这方面的监管力度。据悉，生态环境部门连续2年在全国范围开展ODS专项执法行动，2019年针对11省份泡沫制品等企业开展执法检查。

与此同时，行业ODS替代新技术产品的开发和推广工作也在加紧进行，特别是全水（二氧化碳）发泡技术。

据了解，补天新材料技术有限公司正在大力推广无氯氟聚氨酯化学发泡剂。这一发泡剂颠覆了传统的生产技术，生产过程以及产品本身均不含氯氟元素，可逐步削减淘汰聚氨酯产业中氯氟烃和氢氟碳物质的使用，并且产品性价比高，可广泛应用于外墙保温、管道保温、深冷保温、冷库喷涂和板材生产，目前工程已开工建设，正在稳步推进。绍兴华创聚氨酯有限公司开发的超临界二氧化碳辅助水发泡硬质聚氨酯喷涂装备及应用技术，得到了联合国开发计划署官员的高度认可。这类技术可以替代传统的 HCFC–141b 等发泡剂，具有良好的稳定性。

"下一步，协会将结合《目录》和国家相关产业指导政策，完善出台行业'十四五'发展指导意见。一方面，聚氨酯行业要强化创新意识，加快技术创新和技术升级，提高高端化、差异化、功能性产品供应能力，加强知识产权保护，尽快形成一批具有国际竞争力的企业；另一方面，要推动聚氨酯行业开展质量提升行动，特别是塑胶跑道、填缝剂、鞋底原液、合成革等企业要注重品牌建设，强化质量管理，促进产品质量提升，坚定不移推动行业高质量发展。"吕国会总结说。

聚氨酯行业发出创新发展"金陵倡议"（2020 年 11 月）

2020 年 11 月 6 日，由中国聚氨酯工业协会主办、江苏美思德化学股份有限公司承办的中国聚氨酯行业创新发展论坛暨美思德成立二十周年庆典活动在南京举行。与会的 18 家聚氨酯相关机构代表共同发布《聚氨酯行业创新发展金陵倡议书》，倡议行业增强创新能力、改善创新环境，提升高质量发展水平。

倡议书提出，中国聚氨酯企业不仅是全球聚氨酯行业创新活动的主力军，也是繁荣中国国民经济、满足市场需求的重要组成部分。面对复杂多变且竞争激烈的国内外市场环境，创新发展对激发企业内生动力、提升行业高质量发展水平至关重要。聚氨酯企业要积极响应党的十九届五中全会提出的"坚持创新在我国现代化建设全局中的核心地位"的战略要求，深入实施创新驱动发展战略，提升企业技术创新能力，激发人才创新活力，完善科技创新体制机制。

中国聚氨酯工业协会理事长杨茂良表示，希望行业进一步发挥创新引领发展的第一动力作用，组织开展重大关键技术攻关，加强行业创新体系建设，加快促进科技成果转化，有力支撑行业转型升级。特别是紧紧围绕航天、大飞机、高铁、汽车轻量化、电子信息等领域重大工程需要，加快发展高端、新型聚氨酯原料和产品，努力提升产业链高端的供给能力。

中国林科院林产化学工业研究所蒋剑春院士介绍说，林产化工是新材料等战略性新兴产业的重要组成部分，能为聚氨酯行业提供丰富的绿色原料，是实施精准扶贫、创新绿色发展战略的重要抓手。建议聚氨酯工业"十四五"期间应加强生物基原料的研发和应用，推动行业的创新发展。

美思德董事长孙宇表示，作为倡议书发起单位之一，美思德将以成立二十周年庆典为契机，秉承倡议书精神，完善高质量创新体系建设，加快创新人才培养，不断增强企业的创新能力，汇集创新要素，为行业创新发展不懈努力。

让企业找个好"婆家"
——聚氨酯业专家热议园区化发展（2020 年 11 月）

2020 年 11 月 13 日，在中国聚氨酯工业协会主办、山东鲁南聚氨酯新材料产业园承办的 2020 中国聚氨酯行业发展论坛上，与会代表在高层论坛环节交流了聚氨酯企业园区化发展的经验心得。业内专家提到，园区好似企业的"婆家"。企业应充分发挥安全环保的主体责任，选择合适的园区入驻，推动企园双方和谐共赢、协同发展。

中国聚氨酯工业协会理事长杨茂良表示，这些年，不少园区聚焦重点发展聚氨酯新材料，为行业高质量发展提供了新的发展思路和发展空间。"十四五"期间，中国聚氨酯工业协会将大力促进聚氨酯产业集群发展。支持企业按照国家"退城入园"政策入驻合格化工园区，大力发展智慧化、高端化的聚氨酯专业示范园区，并推动园区成为产学研结合的产业孵化器。

中国聚氨酯工业协会副理事长、红宝丽集团股份有限公司总裁芮益民表示，红宝丽对园区化发展非常重视，创立初期一直在高淳发展，随后异丙醇胺、硬泡聚醚项目相继入驻配套更完善的南京江北新材料产业园，2015 年环氧丙烷项目在泰兴经济开发区开工。

芮益民提到，随着发展壮大，企业一定要选择合适的园区。要充分考虑土地资源、园区管理水平、周边产业链配置、物流等，要和园区共成长，共发展，相互依存。公司化工产品生产装置均在省级及以上化学工业园区，同时企业还要加强自身的安全环保建设。红宝丽坚持以安全环保为首要原则，加大相关投资和管控力度，这些年建设绿色工厂，践行责任关怀，得到了行业和园区的广泛认可。

山东鲁南聚氨酯新材料产业园服务公司董事长韩志成认为，之前不少聚氨酯企业对园区化发展没有特别重视。但是，这些年化工企业退城入园速度加快，园区认定和企业搬迁压力很大。"从某种意义上说，企业选择的园区，就等于找婆家。好的婆家可以遮风挡雨，不好的婆家只能拖后腿。现在各省认定化工园区的名单陆续发布，有搬迁和新建项目需求的企业要结合自身的发展情况，充分认识国家推动危化品企业安全环保升级的决心，及早规划项目建设，找到合适的园区。"韩志成说。

据了解，鲁南聚氨酯产业园成立 4 年来，致力于打造完善的服务平台、科技平台、金融平台和运营平台，已经吸引 26 家聚氨酯生产企业落户，形成配套发展、上下游合作的集群发展优势，并与多家企业签署落户协议。下一步，产业园将加快科技成果转化和产业链条形成，打造上下游一体化、配套齐全的聚氨酯新材料产业集群。

江苏美思德化学股份有限公司董事长孙宇用"鱼和水"来比喻企业与园区的关系。他认为，这些年来美思德的快速发展，离不开南京江北新材料产业园的大力支持与配合。美思德将继续做好安全环保工作，与园区和谐共处，共同发展。

在长三角化工园区土地资源日益紧缺的背景下，今年 6 月美思德响应国家振兴东北的号召，在吉林化工园区布局年产 4.5 万吨有机胺产品项目，项目总投资额约 5.56 亿元，计划分两期。对此，孙宇认为，企业入驻园区时，充分考虑园区的土地、资源、上下游配套的基础上，还需要关注园区是否有充足的人才资源。

相比国内的一些中小化企业，跨国企业不仅绝大部分都在园区，而且非常重视自身的安全环保。亨斯迈就是其中之一。亨斯迈化学研发中心（上海）有限公司执行总监盛恩善认为，安全生产是一切的前提。亨斯迈（上海）园区今年实现了 500 万小时无事故的成绩。亨斯迈尤其注重安全意识和安全行为的规范，对工艺、园区乃至生活中的事故和风险零容忍，对出现的安全隐患认真分析、总结，并提出改进意见，进而实现安全生产。这样不仅能满足园区日益严格的监管要求，也能实现企业的可持续发展。此外，亨斯迈还在努力消除公众谈"化"色变，改善社会对化工的认知，促进企业与园区、社会的和谐发展。

美思德：

二十载创新铸辉煌　新时代扬帆再启程（2020年12月）

打破国外技术垄断、上交所主板 IPO、建成万吨级自动化生产线、技术经鉴定达国际先进……江苏美思德化学股份有限公司用 20 年的时光，创造了一个个振奋人心的历史瞬间，打通了聚氨酯关键助剂自主创新的发展脉络。

长江之滨、钟山脚下，美思德用坚守与奋斗，诠释着创新求变的精神内涵。一路栉风沐雨，砥砺前行，经过 20 年的磨砺和岁月的沉淀，如今已化茧成蝶、破蕾绽放。

实施创新战略　布局高端市场

20 世纪七八十年代，聚氨酯材料开始在中国消费市场崭露头角。伴随着改革开放的大潮，聚氨酯因为形式多样、用途广泛而备受青睐，应用范围逐步从航空航天、国防等向交通、建筑、家居、包装等民用领域延伸。

殊不知，在各种"合成革""席梦思"开始走进中国千家万户的时候，我国在聚氨酯材料的研发和应用，已经落后于国外足足 30 年。更不为外人所知的是，当时我国不仅在异氰酸酯、聚醚多元醇等聚氨酯主要原料上依赖进口，包括聚氨酯泡沫稳定剂在内的各类助剂生产技术同样受制于人。

聚氨酯泡沫稳定剂，又称匀泡剂，是聚氨酯泡沫塑料生产过程中必不可少的关键助剂，主要功能是控制和调节泡沫制品的泡孔尺寸、均匀度和开闭孔率等，在稳定泡沫体高度、改善外观表现、提高泡沫体力学性能等方面发挥着不可替代的作用。当时，全球聚氨酯有机硅表面活性剂的生产主要集中于欧美地区跨国化企，行业集中度较高。跨国企业技术力量强，产品规模化、系列化特征明显。相比之下，国内企业在基础研究和应用研究投入相对薄弱，对新型泡沫稳定剂的研发明显滞后。

创新能力不足也导致了生产技术的落后。当时，跨国企业的聚氨酯泡沫稳定剂已经实现规模化、自动化、连续化生产，而国内多数企业仍处于小规模、间歇式、半人工操作阶段，在高端领域基本不具备市场竞争力。

也正因为如此，美思德（原名南京德美世创化工有限公司），很早就确定了以"技术领先、市场领先，立足有机硅改性，创造价值"为发展战略，坚持"精细化、产业化和国际化"的发展目标，持续推出适应市场需求的聚氨酯泡沫稳定剂新产品，不断巩固和发展行业的领先地位。

特别是 2005 年公司组建了新的管理团队，由孙宇担任公司总经理、董事长，美思德开启了新的征程。这位技术型管理人才，不仅亲自兼任了公司研发中心的主任，而且为美思德组建了一支由资深专家、经验丰富的工程技术人员组成的专业技术队伍，带动公司研发能力提高和创新性持续发展。孙宇带领美思德先后承担了 8 项国家、省部级科技项目。"十一五"期间，美思德实施了千吨级生产装置扩能改造；"十二五"期间，公司完成了中国聚氨酯行业"十二五"重点攻关项目"万吨级聚氨酯泡沫稳定剂开发"，建成了 1.6 万吨生产线有机硅表面活性剂生产线并成功投产，全面实现了生产过程的自动化和远程可控化，成为国内最大的有机硅表面活性剂生产基地。

孙宇力推的创新战略收到了丰厚的回报。在他的带领下，美思德掌握了聚氨酯泡沫稳定剂产品的分子结构设计、化学合成和配方组合等核心技术，在生产规模、产品品种、研发技术及自动化生产等方面，逐步发展成为国内聚氨酯泡沫稳定剂行业的领军企业。公司先后开发出了适用于冷藏保温、建筑节能、热水器、家具、汽车等领域的硬质泡沫稳定剂、软质泡沫稳定剂、高回弹泡沫稳定剂、开孔剂等四大系列产品，逐渐成长为国内产品品种最多、规模最大、专业化程度最高的聚氨酯泡沫稳定剂供应商。凭借一流的技术和过硬的质量，产品得到国内外市场的普遍认可，为打破国外技术垄断作出了突出贡献。

2017 年美思德在上交所上市。

打破国外垄断　跻身国际一流

2017 年 3 月 30 日，美思德成功在上交所主板挂牌上市。沐浴着资本市场的阳光雨露，美思德逐步长成参天大树，市场影响力和盈利能力进一步提升，在新项目布局和新技术研发方面更是得心应手。

"十三五"期间，我国聚氨酯泡沫稳定剂的国产化进程加快。美思德着力创新平台建设，形成了集基础研究、结构及配方设计、应用技术开发和技术产业化于一体的核心技术体系，在原有的基础上不断提高产品的关键性能指标，提升产品生产工艺水平。在一些关键性能指标上，公司产品已达到国际先进水平。公司承担的"新一代聚氨酯匀泡生产技术"项目被列入"十三五"中国聚氨酯行业重点科技计划，并被列为江苏省科技成果转化项目。

在聚氨酯硬泡匀泡剂市场领域，美思德打破了跨国企业对国内市场的垄断，凭借优质的产品和技术服务，产品成为了国内市场上的主流。2019 年公司硬质聚氨酯泡沫稳定剂的产量和销量超过 1 万吨，实现销售收入 26967.5 万元，在国内市场上的占有率达到近三成，稳居行业首位；公司在国际市场上的占有率也不断提升，位居全球第三。

目前，美思德已经拥有优质而稳定的客户群，与陶氏化学、空气化工、巴斯夫、拜耳、亨斯迈、红宝丽、万华化学等国内外 800 多家企业建立了稳定的长期战略合作关系。2019 年实现销售收入 3.39 亿元，利润总额 8350.99 万元，上交税金 2536.0 万元。

在国内市场，美思德产品销售区域已基本覆盖全国各个省份，在各聚氨酯产业聚集区设立有分公司或办事处。在欧洲成立了美思德国际公司，贴近高端国际市场，不断拓展海外业务。目前产品已远销欧洲、中东、东南亚、非洲、北美和南美等地区，与多个国家信誉良好、实力较强的经销商建立起了长期稳定的业务合作关系，出口业务收入占公司主营业务收入的比例达到30%以上。

经过多年的人才引进和培养，美思德建立起了以博士和硕士为带头人，中青年技术人才为骨干的结构均衡、业务精湛、充满活力的创新团队。目前公司从事研究和开发人员占职工总数的1/3以上，团队中的研发人员大多承担过市级以上科技项目，具有较强的创新和组织能力。截至2019年年底，共申请国家发明专利43项，其中15项获得授权。

履行社会责任　引领绿色升级

作为行业领军企业和上市公司，美思德铭记企业使命，积极履行社会责任，严守安全环保底线，以创新解决方案应对气候变化，成为我国化工行业践行责任关怀不可或缺的关键力量。

美思德始终将产品质量视为生存和发展的基础，建立了完善的质量管理体系，在产品质量、环境保护、企业安全生产、员工持续健康监护等方面建立了相关的制度，制定了应对各类风险和机遇的机制。通过不断完善质量管理体系和制度，强化管理和保障，保证公司连续多年无质量、安全、环保和职业健康事故发生。

绿色升级是行业高质量发展的重要方向，也是美思德创新的出发点和推动力。公司一直践行绿色发展理念，为世界环境保护和可持续发展提供中国方案。在有机硅表面活性剂制备工艺中，美思德注重遵循绿色、环保、节能的设计原则。在聚硅氧烷的制备中，创新采用负载型固体酸催化剂、无溶剂生产工艺等技术路线，解决了传统液体酸与产品分离难、成本高、污染严重等问题，简化了工艺流程，实现了高效率、低排放生产，目标产物收率超过 97%，催化剂循环使用次数达 30 次以上。

通过清洁生产，公司连续多年综合能耗下降 10% 以上，通过节能降耗年均创效 300 万元以上，多次被当地政府评为节能减排先进企业。

在聚氨酯硬泡生产中，目前主流的物理发泡剂对大气臭氧层破坏作用明显，其削减替代工作已经全面铺开。开发零 ODP、低 GWP 发泡体系，就需要我国开发出与之配套的聚氨酯泡沫稳定剂。面对构建人类命运共同体的重大使命，美思德再次勇挑重担，承担生态环境部门科研项目，开发出与戊烷（环戊烷、异戊烷、正戊烷）、全水发泡体系相配套的系列化泡沫稳定剂，指导组合聚醚和泡沫生产企业，特别是中小企业，更好地使用零 ODP 替代发泡技术，为我国完成 HCFCs 淘汰目标、全球应对气候变化提供了技术保障。

今年以来，面对新冠疫情冲击，美思德迅速成立疫情防控领导小组，全面部署防控工作和开工前安全排查，成为南京市首批获准恢复生产的化工企业。在努力做好自身生产经营工作的同时，公司还主动地承担社会责任，今年 2 月通过南京经济技术开发区栖霞慈善协会向疫情防控指挥部捐款 100 万元；6 月向江苏宜兴农民工子弟小学捐赠百台护眼灯。

美思德始终将企业作为社会整体财富积累、社会文明进步、环境可持续发展的重要推动者。公司将继续肩负社会责任，进行产业、文化、生态等多方面的社会责任实践，凝聚各方力量，服务社会民生，回馈奉献大众。

把握时代潮流　融入新发展格局

党的十九届五中全会明确提出，坚持创新在我国现代化建设全局中的核心地位，把科技自立自强作为国家发展的战略支撑。作为行业领军企业，美思德牢牢把握时代潮流，主动融入新发展格局，勾勒了新时代企业创新发展新画卷。

11 月 6 日，美思德成立二十周年庆典活动"美思德之夜"在南京举行。

当晚，孙宇发布了公司"十四五"的发展蓝图和转型战略。美思德将实现从聚氨酯有机硅表面活性剂生产商向"助剂技术服务＋解决方案提供商"的华丽转身，进而从国内助剂龙头企业发展为国际化企业。

今年6月，美思德与吉林化学工业循环经济示范园区签署投资协议，计划在园区投资建设年产4.5万吨聚氨酯有机胺催化剂项目，总投资额约5.56亿元，计划分三期实施。这是美思德首次涉足聚氨酯有机胺催化剂项目。对于这项投资，孙宇最为看重的是产业协同蕴藏的巨大潜力。有机胺催化剂与美思德主导产品有机硅匀泡剂是聚氨酯制品生产中两大关键助剂，二者销售渠道相同、客户相同，具有很强的协同效应。

孙宇表示，美思德拥有丰富的行业经验及广泛的行业资源，涉足与公司主营业务密切相关的领域，有利于公司抢抓有机胺市场发展机遇，打造新的盈利增长点，扩大客户的选择性和销售黏性，增强公司持续盈利能力和综合竞争力。

大潮起处看风光。作为改革开放精神的探索者，开拓进取、创新务实是美思德的鲜亮标识。当晚，在成立庆典同期举行的中国聚氨酯行业创新发展论坛上，中国聚氨酯工业协会、美思德等18家聚氨酯相关机构代表共同发布《聚氨酯行业创新发展金陵倡议书》。

作为倡议书发起单位代表，孙宇表示，美思德将秉承《聚氨酯行业创新发展金陵倡议书》精神，加强高质量创新体系建设，加快创新人才培养，不断增强企业的创新能力，汇集创新要素，为行业创新发展不懈努力。"十四五"期间，美思德将坚持"技术领先、市场领先"的发展战略，通过创新发展，推进由产品制造企业向产品服务企业的转变，把公司建成国内领先、国际一流的中高端功能化学品生产供应商。

一是进一步满足国计民生对聚氨酯材料的要求。全面建成小康社会，中产阶级队伍壮大，新基建、新业态都离不开聚氨酯行业，美思德将秉承"创新、协调、绿色、开放、共享"的新发展理念，在不断满足国计民生的需求中增强动力。

二是立足国内市场，谋求国内国际双循环发展。尽管全球化发展遇到挑战，和平与发展仍然全球主流，美思德将借助"一带一路"东风，传递中国声音，创立中国品牌，坚定自信地走国际化之路。

三是完善现代企业制度，打造国际一流企业。美思德将在企业管理，产品研发、制造、销售和技术服务等全方位提高创新水平，进一步提升行业影响力、国际知名度。

二十载深耕易耨，二十载奋楫扬帆。20 年，记录了美思德由小到大、由弱变强的蜕变，见证了美思德带领我国聚氨酯有机硅表面活性剂行业从落后于人到角逐国际市场的跨越，积蓄了美思德从国内领先迈向世界一流的底蕴。再回眸，几度坎坷，初心不忘；共憧憬，复兴梦圆，辉煌在望。

公司介绍

江苏美思德化学股份有限公司位于南京经济技术开发区，成立于 2000 年 11 月，2017 年 3 月在上交所 A 股主板上市（美思德：603041），主要从事聚氨酯泡沫稳定剂的研发、生产和销售，是国内技术领先的聚氨酯泡沫稳定剂生产企业，拥有万吨级自动化生产线。公司产品遍及世界五大洲各地区，广泛应用于家电、家具、建筑、汽车等行业。

公司拥有南京美思德新材料有限公司和南京美思德精细化工有限公司 2 家全资子公司，是"国家高新技术企业"，建有"江苏省有机硅表面活性剂工程技术中心""江苏省认定企业技术中心""国家博士后工作站分站""江苏省博士后创新实践基地"等创新平台，拥有江苏省著名商标和江苏省名牌产品，先后获得"中国石油和化工优秀民营企业""中国聚氨酯工业典范成长企业""江苏省科技小巨人"等多项荣誉称号。

聚氨酯行业升级发展各出高招（2021 年 8 月）

2021 年 7 月 27 日，是台风"烟花"逼近上海的第三天，也是在上海举办的第十八届中国国际聚氨酯展览会（PU China 2021）开幕的日子。中国化工报记者在展会上看到，一批聚氨酯专精特新企业展出了新的技术、产品和解决方案，亮出了创新驱动和绿色发展"成绩单"。

创新升级　低碳环保各有高招

作为贴近终端的化工新材料，聚氨酯产品覆盖社会生活节能减碳的方方面面。此次展会中，一批具有低碳、环保特点的技术、产品与解决方案精彩亮相。

面对废旧冰箱、电热水器中的聚氨酯硬泡材料回收处置难题，万华化学在展会上首次展出了聚氨酯硬质泡沫循环再利用解决方案。该方案将废旧家电中的保温层通过化学法降解制成全新的泡沫制品，实现了聚氨酯硬质泡沫的循环再利用，减少废弃泡沫污染。

江苏美思德化学股份有限公司在此次展会上带来了全新软泡助剂等一系列环保解决方案。该公司董事长孙宇表示，随着全社会对安全环保要求的提升，各种法规和行业规范对聚氨酯泡沫制品的散发性物质和低挥发性物质的要求也日趋严格。对此，美思德积极应对，开发出适于欧美家私绵标准的安全阻燃型、低气味、低 VOC、低 FOG 绿色环保型聚氨酯匀泡剂系列产品，以进一步降低挥发，减少阻燃剂的用量。目前该系列产品通过了严苛的阻燃测试。

同样主打环保牌的还有绍兴华创聚氨酯有限公司。该公司展出的环保发泡剂硬泡聚氨酯鱼缸里，一尾尾金鱼在水中嬉戏，吸引了不少观众驻足。

"用聚氨酯鱼缸养鱼，主要是为了展示华创开发的聚氨酯泡沫的环保性能和不透水性。"华创公司总经理相明华告诉记者，公司开发的超临界 CO_2 发泡喷涂技术和设备可用于聚氨酯硬泡各类发泡体系现场喷涂施工，具有安全、节能、环保、高效、成本低的优点，新设备已经得到了市场的认可。

在环保低碳风潮下，生物基聚氨酯材料同样广受关注。斯科瑞新材料科技（山东）股份有限公司展出了以植物为主要原料，用可再生的植物油与不同醇类化合物合成的多种植物基多元醇。该公司董事长韩志成表示，植物油经过改性可以用来生产胶黏剂、软泡、涂料、半硬泡、硬泡等聚氨酯材料，尤其是 100% 植物基硬泡组合料更是业界的一大突破，一经面市就供不应求，公司目前在积极扩大产能。

拓宽应用　弹性体走俏市场

中国聚氨酯工业协会秘书长吕国会告诉记者，聚氨酯弹性体配方多种多样，制品性能范围很宽，可替代普通橡胶、塑料以及金属，成为近年来聚氨酯制品行业发展最快的领域之一。

作为和共和国同龄的行业老前辈，苏州湘园新材料股份有限公司董事长周建与不少参展企业代表都是老朋友了。

"耐高温、高耐磨、高性能的涂料、胶黏剂、聚脲弹性体等领域都需要高性能的交联剂和扩链剂，聚氨酯弹性体还要进一步扩大应用。"周建对记者说。

周建表示，湘园新材是聚氨酯扩链剂行业具有竞争优势和品牌影响力的集研发生产一体化企业，系列产品远销全球。公司在加紧研发新型扩链剂，还计划进一步扩大产品产能，提升企业智能化生产水平。

作为国内最大的端氨基聚醚生产企业，淄博正大聚氨酯有限公司展出了多种牌号的端氨基聚醚产品。该公司总经理见方田介绍说，端氨基聚醚虽然生产时间不长，但是市场发展非常迅速，已进入胶黏剂、油气开采和纺织品处理等领域，在高铁路基防护、大坝防护、海底隧道防护、化工防腐上的应用也越来越广泛。

走进淄博华天橡塑科技有限公司展台，各种颜色的聚氨酯弹性体产品琳琅满目。"我们这次带来了TPU、CPU、聚酯多元醇、铺装系列多种新产品。目前公司在国内率先研发的产品已经超过200个，涵盖CPU、TPU、塑胶铺装材料、聚酯多元醇等系列，供应国内外3000多家客户，多个单项产品还是国内首次研发并投放市场。"华天公司副总经理田亮介绍说。

担纲主力　跨国公司投身"双循环"

创办21年来，中国国际聚氨酯展览会为国内外聚氨酯行业及上下游产业搭建了良好的交流平台。吕国会表示，聚氨酯行业要充分适应以国内大循环为主体，国内、国际双循环相互促进的新发展格局，培育新形势下中国企业参与国际合作竞争的新优势。

展会上，不少跨国公司结合中国市场需求，带来了全球先进的技术产品，成为链接中国双循环的重要力量。

作为全球领先的橡塑设备制造商，克劳斯玛菲将全球资源和中国市场需求相结合，在展会上发布了艾星系列聚氨酯发泡机。克劳斯玛菲反应成型工艺技术装备销售总监张照将介绍说，艾星系列发泡机具有灵活度高、降本增效、废品率低等技术和工艺优势。

亨斯迈同样展示了众多基于聚氨酯的创新产品。其中，易操作（ETU）弹性体系列可简化复杂重型部件的铸造过程，在铸造大型、耐磨的专业部件以及其他采矿、石油、天然气等工业应用时，具有出色的加工灵活性。

　　科思创在本次展会上带来了数字化解决方案，在很多方面能使浇注生产更容易。比如博雷数字化服务集成了包含技术图纸、目录和设备文档的客户数据库，可减少报价次数，加速订单流程，并降低出错可能性。

聚氨酯：建成全球最大原料和制品基地（2021 年 8 月）

聚氨酯是重要的化工新材料，因其性能卓越、用途多变，被誉为"第五大塑料"。我国聚氨酯工业伴随建党 100 年的历程逐步发展壮大。而今，从家具、服装，到交通、建筑，再到航空航天、国防建设，无处不在的聚氨酯材料不仅代表了现代化学工业的创新水平，也成为我国建设制造业强国的重要支撑。

我国聚氨酯工业始于 20 世纪 50 年代末 60 代初，从生产聚氨酯原料起步。1958 年，大连染料厂率先研制成功甲苯二异氰酸酯（TDI），并于 1968 年建成年产 500 吨生产装置，为我国聚氨酯工业创造了发展条件。随后，江苏省化工研究所等单位先后研制出聚醚型 PU 软质泡沫塑料、混炼型 PU 弹性体（MPU）、聚氨酯涂料、聚氨酯防水材料等产品。1976 年，江苏省化工厅组织江苏省化工研究所等单位进行聚氨酯跑道胶的技术攻关，并于 1978 年开始在国内各种类型体育场地大面积推广应用。

改革开放后，我国开始引进国外先进的 TDI 生产技术和装置。1983 年，原轻工部在山东烟台投建的年产 1 万吨二苯基甲烷二异氰酸酯（MDI）和 TDI 项目投产。

20 世纪 80 年代后，我国开始引进国外先进的聚氨酯原料和制品生产技术、装备，国内各科研机构和企业也开始开发反应注射成型、高回弹冷熟化泡沫、聚合物多元醇、改性 MDI

等一系列制品和特种原材料的新技术。黎明化工研究院开发的汽车用自结皮方向盘、填充料仪表板、微孔弹性体挡泥板、冷固化高回弹泡沫、吸能抗冲型保险杠模拟件等 5 种制品，填补了国内空白。

20 世纪 90 年代后，随着我国经济持续高速发展，聚氨酯作为新型多功能高分子材料，在交通、家电、家具、冶金等领域得到越来越广泛的应用。需求的迅速增长也进一步刺激了聚氨酯行业的发展，软质泡沫箱式发泡小企业蓬勃发展，冰箱生产基地的自动浇注硬泡绝热层生产线、夹心板材硬泡浇注生产线、连续法大块软泡生产线、模塑软泡生产线等总数上百条，大型聚氨酯涂料、胶黏剂等生产厂也有 10 多家。

进入 21 世纪，经过十几年的攻关研究和经验积累，通过对引进技术装置的消化吸收，我国基本掌握了聚氨酯主要原材料的生产技术。随着我国冰箱、冰柜、家具产业的快速发展，聚氨酯材料的应用迅速崛起，我国聚氨酯工业进入飞速发展阶段，成为我国化工行业中发展最快的领域之一。以烟台万华为代表，我国的聚氨酯生产企业在生产规模、产品种类、技术水平等领域开始全面突破，龙头企业跻身国际舞台，行业形成了跨国化企、大型国企和民营企业三足鼎立的局面。

"十三五"期间，聚氨酯原材料产业通过近 20 年的消化、吸收和再创造，MDI 生产技术和生产能力居世界领先水平，聚醚多元醇生产技术和科研创新能力不断提升，高端产品不断涌现，与国外先进水平的差距不断缩小。2019 年我国聚氨酯产品消费量约 1150 万吨（含溶剂），原材料出口逐年增加，是世界最大的聚氨酯生产和消费地区，市场进一步成熟，行业开始进入高质量发展的技术提升期。

目前，中国聚氨酯主要原材料产能均超过全球产能的 1/3，成为全球最大的聚氨酯原材料和制品生产基地，也是世界上聚氨酯应用领域最全的地区，行业原料和制品生产、消费量持续增长，产业结构持续优化。中国聚氨酯原料产值 600 亿元，制品产值 3200 亿元，生产了全世界 95% 的冷藏集装箱、70% 的玩具和 60% 的鞋子。

当前，聚氨酯工业迈入了以创新引领、绿色发展为主题的新阶段。目前我国建材、氨纶、合成革和汽车等聚氨酯下游产品的产量均居世界第一。国家正在大力推广水性涂料、实施建筑节能新政策、发展新能源汽车，这为聚氨酯产业带来巨大的市场机遇。我国提出的"双碳"目标，将推动建筑节能和清洁能源产业快速发展，为聚氨酯保温材料、涂料、复合材料、胶黏剂、弹性体等带来新的发展机遇。

今年4月，中国宣布接受《〈蒙特利尔议定书〉基加利修正案》，加强氢氟碳化物（HFCs）等非二氧化碳温室气体管控。我国是全球最大的HFCs生产、使用国，其中HFCs发泡剂在聚氨酯泡沫行业广泛使用，削减工作存在挑战。目前补天新材料、绍兴华创、江苏美思德等公司针对聚氨酯行业发泡剂ODS替代任务，加大了新型发泡剂及与之相配合的匀泡剂、催化剂等助剂的研发升级，为改善大气环境贡献力量。

聚氨酯：为美好生活添砖加瓦（2022年9月）

党的十八大以来，中国聚氨酯行业进入高质量发展时期，从追求数量、规模的粗放型扩张转为追求效率和质量的集约型增长。行业科技创新成果丰硕、绿色环保水平显著提升，高端产品不断涌现，诞生了以万华化学为代表的一批具有国际竞争力的领军企业，行业发展取得历史性成就。我国已成为全球最大的聚氨酯原材料和制品的生产基地，以及聚氨酯应用领域最全的地区，聚氨酯行业为推动我国经济社会发展作出了卓越贡献。

科技创新取得突破。我国聚氨酯主要大宗原料、产品生产技术水平已达到或接近国际先进水平。异氰酸酯制造技术世界先进；环氧丙烷、多元醇、聚氨酯装备技术与生产水平明显提升，多家企业开发了自主知识产权的生产技术。其中，万华化学脂肪族异氰酸酯成套技术、一诺威性能可控的聚氨酯预聚物产业化项目分获中国石油和化学工业联合会科技进步特等奖和一等奖。万华化学承建了国家技术标准创新基地（化工新材料），蓝星东大、苏州湘园新材、华天橡塑、江苏美思德、正大新材料分别承建了聚氨酯协会多个领域的工程技术中心，在相关技术领域取得突破。行业基本构建了以企业为主体、市场为导向、"产学研金服用"相结合的技术创新体系。

领军企业跻身国际舞台。十年间，万华化学已发展成为全球第一大二苯基甲烷二异氰酸酯（MDI）生产商，全球第三大甲苯二异氰酸酯（TDI）和聚醚多元醇生产商，环氧丙烷、异氰酸酯、聚醚多元醇、水性聚氨酯、生物基聚氨酯等多种聚氨酯原料及产品生产技术处于领先水平。行业涌现出万华化学、红宝丽、华峰、万华容威、一诺威、蓝星东大等一批制造业单项冠军企业，以及美思德、湘园新材、德信联邦、华天橡塑、斯科瑞、爱尔家佳、汇得科技等一批"专精特新""小巨人"企业。

原料供应体系持续完善。目前我国聚氨酯主要原材料产能占比均超过全球产能的1/3。异氰酸酯、多元醇、助剂等产品的技术创新能力不断提升，差异化发展进程加快。万华化学开发了多种特种异氰酸酯；聚醚规格、牌号基本齐全，基本满足了国内市场需求；主要助剂具有一定国际竞争力。国内自主研发的聚氨酯原料和制品服务于航空航天、国防、交通运输、建筑等领域的重大项目建设。

应用领域日益拓展。十年来，我国聚氨酯制品产量、消费量持续增长，产业结构持续优化。我国生产了全世界95%的冷藏集装箱、70%的玩具和60%的鞋子。家具、家电、建筑、交通运输、机械、新能源等下游市场的强劲需求拉动了聚氨酯制品消费的增长。氨纶应用领域不断拓展，差异化、功能性、高附加值氨纶纤维需求量不断增加；聚氨酯弹性体方面，TPU应用领域日益扩大；聚氨酯胶黏剂是国内最有发展潜力的胶种之一，品种日益丰富。

产业布局持续优化。聚氨酯产业集群发展成果突出，全国涌现出上海化工区、淄博齐鲁、重庆长寿、宁夏宁东、福建福清、山东烟台、河南鹤壁等一批聚氨酯原料及制品聚集区。连云港、钦州、淄博、天津等多地正在积极打造丙烷脱氢—丙烯制环氧丙烷—聚醚—聚氨酯产业链，行业集中度持续提升，产业布局趋于合理。

绿色发展成果突出。近年来，我国聚氨酯行业坚持绿色、循环、低碳发展理念，不断推进本质安全、清洁生产、可再生资源利用和过程排放控制技术水平的提升，推广绿色生产工艺和环保型产品，水性、无溶剂聚氨酯合成革浆料和水性涂料生产快速增长。万华化学烟台工业园获评"2022 年山东省绿色工厂"，湘园新材旗下江苏湘园等获评"石化行业绿色工厂"。

聚氨酯助剂明确"十四五"发展路径（2022年11月）

作为聚氨酯的重要原料，聚氨酯助剂以承上启下的纽带作用，赋予聚氨酯材料不可或缺的功能和用途。近日，中国聚氨酯工业协会助剂专业委员会发布"十四五"聚氨酯助剂行业发展思路，提出要以绿色、低碳、数字化转型为重点，以提高助剂行业企业核心竞争力为目标，加快建设现代化工业体系，促进高端产品"补短板"、关键技术"抢高端"、传统产品"开新路"，以此推动我国由聚氨酯大国向强国迈进。

聚氨酯协会秘书长吕国会介绍，聚氨酯助剂泛指合成聚氨酯主要原料聚合物多元醇、异氰酸酯，以及为满足生产工艺、提高材料性能、增加制品制件功能等添加的原料，例如扩链剂、催化剂、发泡剂、抗静电剂、阻燃剂、表面活性剂、抗氧化剂、增塑剂等。"十三五"时期，我国聚氨酯行业关键助剂种类基本完善，但中低档产品较多，高性能产品多以国外公司生产为主。具体来看，我国聚氨酯助剂行业的创新能力不足，主要表现在基础研究、应用基础研究弱；生产多为中小型企业，产业集中度偏低；产品品质参差不齐，低端产品同质化严重，高端产品供应不足；绿色化、智能化、标准化水平有待提高，可持续发展能力不足等。

"党的二十大报告对新材料产业发展、加快制造强国建设提出了明确要求。经济高质量发展对于聚氨酯行业提出了更高要求，也提供了难得机遇。汽车、轨道交通、航空航天、电子信息、高端装备、节能环保、医药及医疗器械、现代农业等领域将为新能源、化工新材料、专用化学品提供广阔发展空间。"吕国会表示，"十四五"期间，聚氨酯助剂行业要发展高端、高性能助剂产品，加快新型技术成果转化，形成一批具有较强国际化经营能力和国际影响力的领航企业、一批专业特色突出的"小巨人"企业和单项冠军企业，引导聚氨酯助剂行业向环保、标准、高效、高端方向发展，完善聚氨酯原料供应新体系。

吕国会强调，行业首先要加快科技成果转化，增强自主保障能力。加大产业创新投入，实现新型聚氨酯助剂技术成果转化应用，增强聚氨酯助剂基础和应用研究。围绕航空航天、电子信息、新能源、汽车、轨道交通、节能环保、医疗保健以及国防军工等行业对高端产品的需求，引导聚氨酯助剂产业向环保、高效、高端方向发展，提升聚氨酯产业整体发展水平。

同时，还要进一步加强行业创新平台建设，积极组建行业创新中心、工程研究中心、工程实验室和重点实验室，选择一批重点技术和产品，积极开展攻关，打造一流水平的基础前沿技术和研发基地，引领和带动行业科技创新。

其次，还要扩大聚氨酯市场应用，促进上下游协同发展。做优聚氨酯终端产品，扩大高附加值优势，根据市场需求推进特种聚氨酯产品研发和生产，重点发展车用聚氨酯材料、高端聚氨酯涂料及其固化剂、水性聚氨酯材料等产品门类。发展高端聚氨酯材料用发泡剂、匀泡剂、交联剂、用于复合材料的环氧树脂固化剂等，实现新型聚氨酯扩链剂等技术成果转化，扩大在扩链剂领域的国内领先优势。

"聚氨酯助剂行业要加强行业龙头企业协同创新、产业链上下游协作配套，支撑聚氨酯产业链补链、延链、固链，推进重点产业领域'补短板'和'锻长板'，提升产业链、供应链的稳定性和竞争力。"吕国会指出，目前江苏南京、南通等地已形成聚氨酯助剂产业集群，扩链剂、匀泡剂、组合聚醚等工艺和产品处于领先地位。江苏美思德化学股份有限公司、苏州湘园新材料股份有限公司、江苏奥斯佳材料科技有限公司分别在聚氨酯匀泡剂、扩链剂、有机硅表面活性剂及水性胶黏剂等领域确立了行业引领地位。其中，苏州湘园新材料所属江苏湘园化工有限公司作为重点支持的国家级"专精特新"小巨人企业，其聚氨酯扩链剂在产业规模、技术、产品市场竞争力等方面，不仅处于国内领先水平，而且已经逐步接近先进跨国化企，部分达到国际一流水平。这些企业要加强创新引领，打造协同发展的聚氨酯高端产业集群。

吕国会最后提出，聚氨酯助剂行业还要深化绿色生产体系建设，促进清洁循环发展。积极推进绿色生产技术与可再生资源及过程排放控制技术，加快推广高效催化、溶剂替代、直接转化、微反应等清洁生产技术，开发无毒、无污染、可降解回用的高性能聚氨酯材料，逐步限制和淘汰高毒、高污染、高环境风险产品及工艺技术，全面实现生产清洁化，为助力实现我国"双碳"远景目标提供技术支持和产品支撑。

聚氨酯业明确"十四五"高质量发展路径（2023 年 3 月）

2023 年 3 月 22—24 日，中国聚氨酯工业协会第七次会员大会、21 次年会暨行业发展论坛在上海举办。会议提出，"十四五"期间，聚氨酯行业要大力实施创新驱动和绿色发展战略，积极开发和推广基础原材料、副产资源综合利用项目，促进行业健康可持续发展。

中国聚氨酯工业协会理事长杨茂良在视频致辞中表示，党的二十大强调推进新型工业化，加快建设制造强国、质量强国。这给聚氨酯工业高质量发展指明了方向，也提出了新的要求。聚氨酯材料可广泛应用于国民经济的各个领域，行业要坚决实施创新驱动发展战略，实施质量强国战略，注重绿色低碳发展，积极开发和推广基础原材料、副产资源综合利用项目。

中国聚氨酯工业协会秘书长吕国会表示，"十三五"以来，我国聚氨酯行业已经进入低速增长阶段，同时进入了高质量发展的技术提升期，主要原材料和制品的生产技术水平不断提高，行业投资依然活跃，但消费增速减缓。行业要以供给侧结构性改革为主线，大力推动科技创新、绿色发展，加强品牌建设，维护产业链安全。

会员大会审议表决通过了《中国聚氨酯工业协会章程》（脱钩后），并举行了中国聚氨酯工业协会工程技术中心授牌仪式，江苏美思德化学股份有限公司被授予助剂工程技术中心，淄博正大聚氨酯有限公司被授予端氨基聚醚工程技术中心。

助剂是推动聚氨酯工业创新发展的关键原料。江苏美思德化学股份有限公司董事长孙宇表示，中国聚氨酯助剂产业正面临诸多技术瓶颈和共性问题的挑战，政策、环境、市场等都对聚氨酯助剂行业的创新绿色高质量发展提出了新的要求，助剂技术的原始和基础创新需要大量资金、技术和人才等资源支持，他希望以助剂工程技术中心成立为契机，推进集成创新，加快成果转化，实现资源、成果共享，提升我国聚氨酯助剂行业的国际竞争力。

鲁南聚氨酯产业园副主任、平顶山聚氨酯产业园总经理张鹏认为，聚氨酯生产所需原料多、来源分散，"十四五"期间，行业要加快推动集群发展和入园进程，延伸产业链、打通上下游，构建现代化产业体系。聚氨酯协会正与地方政府合作，在山东和河南分别推动建设鲁南和平顶山聚氨酯产业园区，打造聚氨酯现代化产业集群。

TPU：原料制品应两头发力（2023年5月）

热塑性聚氨酯弹性体（TPU）由于接近终端消费市场，应用领域广泛，已成为聚氨酯弹性体乃至聚氨酯行业中发展最快的领域。但是近期TPU行业出现新增产能释放过快、下游需求增速减缓的情况。在近日浙江省嘉兴市举办的中国聚氨酯工业协会弹性体专业委员会2023年年会暨聚氨酯弹性体技术研讨会上，与会专家建议，TPU行业应在原料、制品端两头发力，开发出高端化、差异化产品，更好地满足市场需求。

"从整体上看，中国聚氨酯产业已经从高速增长期转入平稳发展期。未来市场将逐步从价格竞争、产能竞争转向服务竞争，同时也将向全球化、产业链化方向发展。这就要求TPU等领域必须加快关键技术、关键助剂、关键装备、关键制品的自主创新，进一步满足下游需求，提高行业整体竞争力。"聚氨酯协会副秘书长韩宝乐表示。

聚氨酯协会弹性体专委会高级工程师刘菁介绍说，近年来我国TPU产业高速发展，诞生了万华化学、美瑞新材、一诺威、华峰等万吨级生产企业，以及一大批中小企业。但与国际先进水平相比，中国TPU行业在产品品质、生产工艺以及设备先进性方面还存在一定差距，突出表现在连续化合成设备配套水平不高，作坊式的间歇法生产仍然占有一定比重；软件技术欠缺，工艺技术相对落后，产品质量不够稳定；产品品质单一，不能完全满足市场需求，特别是高耐热、耐高极性溶剂、高动态性能要求等应用场景的需求；技术创新能力不强，缺乏系统性研究等。

近年来，TPU 产能激增，但是下游市场增速有所减缓。据天天化工网市场分析师马越介绍，2018—2022 年，中国 TPU 产能年均复合增长率为 13%，总需求量年均复合增长率超过 8%。2022 年，TPU 总产能 130 万吨，总产量 66 万吨。2022 年，中国 TPU 市场总体呈现低迷态势，价格缓慢走低。除电线电缆行业对 TPU 的需求保持一定增长外，鞋材、管材等主要下游领域对 TPU 的需求均出现不同程度减弱。

马越介绍说，中国企业的 TPU 产品主要集中在中低端市场，客户分散、竞争激烈。在高端产品领域，仅有国外先进厂商和少数本土生产企业参与。"目前来看，TPU 管材的应用前景主要还是在对现有材料的替换上，TPU 材料的薄膜制品正在逐渐替代已有的聚乙烯、聚丙烯、聚氯乙烯薄膜。但是消防水带用 TPU 材料的国产化率相对较低，TPU 材质的'隐形车衣'国产化率也有待提高。"马越表示。

苏州湘园新材料股份有限公司董事长周建认为，我国应该加大高性能聚氨酯热塑性弹性体（GTPU）的开发，加强原料、助剂配方和下游应用的相关研究，特别是研究开发新型的无毒、无污染、高性能、低成本、多功能的 TPU 配套扩链剂，以满足高性能、差异化、特殊工业需求，用于资源勘探、军工、医疗、电子电器、高端运动装备等高端、高附加值的应用领域。

据了解，目前国内企业开发的 GTPU 材料具有极高拉伸强度、高耐磨性、压缩永久变形率低、良好的高温尺寸稳定性等特点，可以用于液压密封件、软管、同步带、电缆、国防等领域，以及化学机械抛光用抛光垫，非常具有市场推广价值。

马越预计，随着 TPU 新需求的增加，未来 5 年中国 TPU 需求仍将保持 9% 的复合增速；产能投资依然保持较快速度，复合增速将达到 8%。到 2027 年，TPU 产能将达到 194 万吨，总产量将达到 107 万吨。TPU 高端产品的开发和应用是未来行业重点发展方向，新能源汽车行业的快速崛起刺激配套充电桩建设需求，将带动 TPU 需求增速；物探线缆在海上石油气和风电领域迎来新需求。此外，在"双碳"战略目标下，TPU 材料也正向生物基方向转型。

聚氨酯协会党支部：
追寻伟人足迹　感怀革命精神（2023 年 5 月）

为深入学习贯彻习近平新时代中国特色社会主义思想，根据国务院国资委党委、中国石油和化学工业联合会党委主题教育相关工作部署，2023 年 5 月 19—21 日，中国聚氨酯工业协会党支部组织支部党员及聚氨酯行业党员代表开展主题教育活动。

2023 年 5 月 19 日，中国聚氨酯工业协会党支部书记韩宝乐为支部党员及聚氨酯行业党员代表讲授主题教育专题党课——《从遵义会议看"两个确立"的决定性意义》。韩宝乐表示，遵义会议事实上确立了毛泽东同志在党中央和红军的领导地位，开始确立以毛泽东同志为主要代表的马克思主义正确路线在党中央的领导地位，开始形成以毛泽东同志为核心的党的第一代中央领导集体。坚持党中央集中统一领导，坚持党的民主集中制，必须要有党中央的核心、全党的核心。新时代新征程要深入学习贯彻习近平新时代中国特色社会主义思想，围绕习近平总书记的重要讲话精神，深刻认识开展主题教育的重大意义，牢牢把握"学思想、强党性、重实践、建新功"的总要求，凝聚起推进聚氨酯行业高质量发展的强大动力，不断把中国聚氨酯事业向前推进。

会后，聚氨酯协会党支部组织支部党员及行业党员代表参观了遵义会议会址、四渡赤水纪念馆等爱国主义教育基地，实地追寻伟人足迹，缅怀革命先烈，感怀革命精神。此次活动更加坚定了聚氨酯协会及行业党员爱党爱国的信念。大家纷纷表示，要围绕主题教育，全面系统学习领会习近平新时代中国特色社会主义思想，铭记责任和义务，传承红色基因，担当时代重任，为聚氨酯行业高质量发展贡献力量。

聚氨酯助剂：紧扣需求创新求变（2023年6月）

聚氨酯行业的高质量发展及其下游的多元化、可持续发展需求，对聚氨酯助剂的创新升级提出了更高要求。近日，在中国聚氨酯工业协会于贵州遵义举办的 2023 聚氨酯助剂技术研讨会暨中国聚氨酯工业协会助剂专委会第二次年会上，加快助剂行业绿色创新升级，进一步推动聚氨酯及下游行业的高质量发展，成为与会代表的共识。

聚氨酯助剂是为提高聚氨酯材料性能而添加的辅助化学制剂。聚氨酯协会副理事长、江苏奥斯佳材料科技股份有限公司董事长张浩明表示，当前聚氨酯行业高质量发展取得了突出成果，但还存在同质化严重、集中度不高、创新力不足、绿色化水平较低等问题，助剂行业要坚持绿色、循环、低碳发展理念，推动聚氨酯行业的可持续发展。

江苏美思德化学股份有限公司市场总监汪帆也表示，我国聚氨酯助剂种类基本齐全，但关键助剂创新不足，高端产品仍以跨国公司为主，要加快推动助剂行业的绿色化、高端化、安全化、数字化、协同化发展。美思德正以助剂工程技术中心建设为契机，开展聚氨酯助剂关键技术的基础研究、应用和复合技术研究，加快新技术、新工艺、新产品、新应用的研发，拓展功能性、绿色、安全环保型助剂的复合开发与应用，推进发泡剂消耗臭氧层物质（ODS）替代，为行业高质量发展作贡献。

"针对新兴领域高端聚氨酯制品和降本增效方面的需求，要重点发展通用型高性价比聚氨酯扩链剂和高性能多功能环保型聚氨酯扩链剂，填补产品应用空白，并通过规模应用降低产品成本和稳定产品质量。"聚氨酯协会助剂专委会主任委员、苏州湘园新材料股份有限公司董事长周建认为，目前，湘园新材正加快从产品供应商向产品与应用技术服务相结合的系统解决方案供应商的转变，为客户提供订制型产品和配套技术服务，促进新型聚氨酯扩链剂成果转化和产业化，推动聚氨酯扩链剂行业的转型升级。

聚氨酯及下游行业的可持续发展趋势，对绿色助剂的创新开发提出了新需求。恒光大恒海研究院副院长刘超峰认为，目前软泡聚氨酯制品相关的汽车、家居行业对材料的要求越来越高，行业要加快环保型有机胺催化剂的开发。比如，聚氨酯行业要增加有机胺相对分子质量或者使用反应型有机胺催化剂；通过复配协同作用提高催化剂的功效和降低体系的气味；通过生产技术的提升，优化原料和工艺减少有机胺生产过程的碳痕迹，同时降低生产成本等。

厦门凯平化工有限公司总经理舒兴文表示，汽车内饰件模塑加工过程中需要广泛应用聚氨酯脱模剂。随着汽车工业的快速发展，车内环境质量逐步受到重视，汽车内饰件用水性脱模剂市场需求增加。凯平化工相继推出的汽车座椅、顶棚、地毯、前围、玻璃包边等水性脱模剂产品，已能满足大多数汽车内饰件的生产要求。该公司正持续降低脱模剂的低挥发性有机物排放，将水性脱模剂应用到更多下游领域。

多位与会代表还介绍了其他聚氨酯助剂的最新研发成果。贵州名德新材科技有限公司副总经理朱王军介绍，辛酸亚锡是目前聚氨酯行业常用的金属催化剂，但以辛酸亚锡催化剂生产的聚氨酯制品中易残留 2- 乙基己酸（异辛酸）等，存在一定的健康及环境风险。该公司自主研发了新型锡类聚氨酯催化剂 T900，性能稳定、绿色环保。其制品的泡沫物性与辛酸亚锡制品基本一致，展现出良好的应用潜力。

　　江苏奥斯佳研发总监周宇宇介绍说，奥斯佳开发出压缩改善助剂NOVAX EC-260，可以改善聚氨酯海绵的耐久性能、透气性能及弹性，并且不含禁用物质，尤其适合床垫海绵以及慢回弹海绵的应用。

　　上海奇克氟硅材料有限公司市场总监吉聪奇谈到，聚氨酯产品受环境影响易发生外观变黄、性能下降等老化现象，需要添加抗氧剂来减缓氧化影响。该公司开发了系列聚醚用抗氧剂，具有优良的抗黄变、抗烟熏红变、抑醛等效果。

聚醚多元醇：定制化一体化渐成大势（2023 年 7 月）

据中国聚氨酯工业协会统计，2022 年中国聚醚多元醇产能达到 741 万吨，产量为 409 万吨。产能过剩现象不断加剧，行业该何去何从？近日在江苏溧阳召开的中国聚氨酯工业协会多元醇分会第十三届科研、生产、技术交流大会上，与会代表建议，以自主创新实现产品差异化，加快推进产业链一体化，不断满足市场新需求。

需求不振市场下行

"一方面是中国工厂产能扩张不断，另一方面是进口货源持续流入，且产品结构日趋完善，这些都加剧了中国聚醚多元醇的市场竞争格局。"聚氨酯协会秘书长吕国会表示。

目前聚醚多元醇的下游消费主要集中在软体家具、冰箱及汽车座椅等，去年受宏观经济下行压力较大影响，市场不景气导致国内聚醚多元醇需求不振。2022 年聚醚多元醇消费量 314 万吨，比上年下降了 8.3%，其中软泡聚醚和硬泡聚醚各占 28% 和 26%。

"近两年来，国内聚氨酯行业受到了总体市场环境的影响，2023 年上半年市场需求较疫情前仍显平淡，汽车、海绵、跑道、防水等行业仍有待进一步复苏，整体下游市场表现平淡。这也导致聚醚多元醇产品的大部分牌号的产品都在进行价格竞争，像软泡、弹性体和部分高回弹的产品，具有原料配套优势的企业销售价格甚至远低于生产成本和环氧丙烷的价格，生产企业的盈利能力大打折扣。"中国中化氯碱事业部总裁，山东蓝星东大有限公司执行董事、党委书记朱斌介绍说。

出口缓解产能过剩

好在出口增长在一定程度上缓解了聚醚多元醇的产能过剩压力，也让2022年中国聚醚产量保持增长态势。"中国聚醚厂为转移产能过剩压力，加快加大出口布局，再者俄乌冲突等国际事件以及欧洲能源危机造成供应缺口，也利好中国聚醚产品出口。"吕国会说。

不过长期来看，中国聚醚产能仍呈上涨趋势。据聚氨酯协会提供的数据显示，中国近期规划的聚醚多元醇新建、扩建项目较多，据不完全统计年产能454万吨。对此，专家建言，聚氨酯下游市场需求在不断变化，面对激烈的市场竞争，各生产企业要大力开发自主创新产品，增强产品差异化程度，加速延链补链强链和行业整合，提升行业集中度和一体化程度，以此提升市场竞争力。

下游产品多点开花

中国建筑科学研究院研发主管王悦介绍说，在防水材料产量中，防水涂料约占30%，其中聚氨酯防水涂料每年产量为80万—100万吨。目前聚氨酯防水涂料还存在产品批次稳定性差、与其他防水材料复合使用时效果较差等问题。特种原材料或定制原材料是聚氨酯防水涂料今后研发的关键因素之一，应促使涂料研发向上游倾斜，开发具有复合使用功能、适应新应用场景、水性的聚氨酯防水涂料。

中国农业科学院农业资源与农业区划研究所副研究员杨相东表示，我国目前的农业土地使用化肥和农药的程度远高于世界平均水平，农业技术革新迫在眉睫。要加大新型聚氨酯材料在现代农业中的应用，开发专用化、功能化和工程化的农膜、种子包衣、土壤保水等产品，特别是采用生物基、可降解聚氨酯材料开发绿色新型肥料、绿色智能肥料，并加大相应的聚合物多元醇产品开发力度。

北京化工大学胶接材料与原位固化技术研究主任张军营教授为环氧树脂的创新发展提出了新的设想和路线，即利用环氧丙烷制备等规、间规聚环氧丙烷进行性能调控。这对于聚合物多元醇的创新发展具有前瞻性。

吕国会指出，当前聚醚多元醇行业正在加快创新研发和提质升级，许多新技术和新工艺得到了有效的应用和推广。如开发合成高相对分子质量、窄相对分子质量分布、高活性和低不饱和度的聚醚多元醇及相关衍生物；在保证聚醚多元醇基本性能的前提下，向低气味、低醛含量、低 VOC 和环境友好方向发展；开发生物基原料和制品，推动行业可持续发展等。但还需加强研发以磷腈和三（五氟苯基）硼烷等为代表的新型催化剂，开发聚碳酸酯多元醇和 MS 聚合物等功能性聚醚等。

记者了解到，目前多家多元醇企业正在聚焦定制化、差异化产品开发。朱斌表示，山东蓝星东大有限公司作为多元醇分会会长单位，多种产品成功实现了进口替代。旭川化学（苏州）有限公司首席科学家郭逢霄介绍说，公司能够提供结构定制化的生产服务，如调整产品支化度、分子量、催化体系等，进而提高聚酯多元醇产品的耐候性等性能。

水性聚氨酯：创新技术突破应用边界（2023年8月）

随着绿色环保理念的深入，越来越多的聚氨酯胶黏剂、涂料企业切入水性赛道。8月1日在广州由中国聚氨酯工业协会主办的第七届中国水性前沿技术应用讨论会上，与会代表表示，要加快提升水性聚氨酯材料性能，创新产品应用范围，助力我国打赢蓝天保卫战。

发展水性产品是必由之路

中国聚氨酯工业协会副理事长、水性专委会主任单位奥斯佳材料科技（上海）有限公司董事长张浩明表示，近年来国内环保要求日益提高，叠加"双碳"目标的提出，给聚氨酯等行业的节能减排提出了新要求，创新发展水性化产品是行业绿色发展的必由之路。

生态环境部提出，"十四五"要着力打好臭氧污染防治攻坚战，加强重点行业VOCs深度治理，也给相关行业水性化替代提出了新要求。"目前我国VOCs治理还任重道远。在涂料、油墨、胶黏剂、清洗剂等领域，部分产品VOCs含量限值标准仍执行不到位，市场存在不达标产品。与此同时，低VOCs含量的涂料、油墨、胶黏剂、清洗剂替代比例较低。与欧盟等相比，我国水性木器涂料和乘用车中涂、底色漆的应用比例还不高。"生态环境部挥发性有机物污染防控中心副主任沙莎表示，要在涂料、油墨、胶黏剂、清洗剂等重点行业加大源头替代力度，制定替代计划，明确替代时间表，加强成熟技术替代品的应用。

"水性合成革既具有良好的生态环保性，又具备多种优良功能，是聚氨酯合成革未来发展方向之一。"合肥科天水性科技有限责任公司总经理李维虎表示，与纺织品相比，聚氨酯合成革性能优异，水性聚氨酯合成革正加速替代天然皮革、聚氯乙烯人造革、纺织品、塑料等传统材料，优势逐渐显现，市场空间广阔。

性能和应用仍受限

在"十三五"和"十四五"VOCs减排政策推动下，水性聚氨酯产业快速发展，但相比于聚氨酯产业，水性聚氨酯产业还十分弱小。性能和应用领域受限是制约水性聚氨酯行业发展的主要因素，因此还要加快其在基础和应用等方面的创新突破。

安徽大学教授王武生分析说，以2020年为例，当年我国聚氨酯产量1470万吨，而PUD（水性聚氨酯分散体）产量约为15万吨，折纯聚氨酯约为5万吨，仅占行业总产量的0.3%。

李维虎也表示，在国际上，阿迪达斯、耐克等22家国际品牌主导成立的ZDHC（有害化学物质零排放）组织已于2021年全面停止使用溶剂型合成革。相比之下，中国合成革产量占世界73%，而其中水性合成革仅占1%。

"目前聚氨酯涂料水性化程度很高，但固化剂目前只能用脂肪族的异氰酸酯，如HDI、IPDI等，在耐化学品性等要求较高的领域，水性漆暂时还达不到油性漆的性能水平。"山西华阳华豹新材料科技有限公司副总经理王立峰博士介绍说。

多位与会专家针对水性聚氨酯的创新推广路径提出了建议。奥斯佳研发经理龙伟表示，在合成端，要进一步明确水性聚氨酯产品的VOC行业准入标准和出厂标准，推动溶剂脱出工艺能耗降低、效率提升，实现溶剂回收利用；在应用端，要进一步缩小水性聚氨酯在特定应用领域与溶剂型产品的物性差距，进一步探索降低应用过程的能耗。

李维虎表示，水性聚氨酯结构千变万化，可以通过选择不同的结构片段获得具有不同性能的水性聚氨酯。鞋革、服装革、箱包革、沙发革、手套革、汽车革等不同领域的合成革性能各不相同，必须开发相对应的水性聚氨酯树脂。因此要加强水性聚氨酯结构的可变性研究，更好地建立适合水性聚氨酯的原料体系、呈现聚氨酯的性能、做好分子结构控制等，并倡导水性合成革企业在合理的市场竞争下协同发展。

此外，要推动水性技术在各工业领域中的应用创新与发展，关键是发现和培养一批对水性材料研究有浓厚兴趣和专长的后备人才。本次会议还举行了第二届万华杯水性技术青年科技论文竞赛颁奖仪式，华南农业大学邓恒辉获得一等奖。张浩明表示，中国聚氨酯工业协会将加大相关人才培养，为我国水性技术发展添砖加瓦。

蓝海领域需加快开拓

PUD 主要作为成膜剂在涂料、涂层、黏合剂等领域取代溶剂型产品。历经 50 余年发展，虽然 PUD 还有很大发展空间，但其传统市场已经是一片红海，迫切需要开辟新市场。会上，王武生介绍了水性聚氨酯材料在电子产品的前瞻性研究成果和蓝海领域。

据王武生介绍，中国液晶显示面板产量位居全球第一，但全球光学膜70% 以上产能集中在国际巨头企业。中国仅少数企业可生产 PET（聚对苯二甲酸乙二醇酯）光学基膜，且只能满足中低端市场需求。部分中游厂商对 PET 基膜等关键材料的品质标准要求高，对高端光学薄膜原料进口依赖性较强。开发光学膜涂布水性聚氨酯是解决相关材料"卡脖子"的前瞻性途径之一。

此外，芯片加工过程中对半导体晶片表面平整度具有极高要求，通常需要对其进行化学机械抛光处理。采用热活化水性聚氨酯添加潜固化剂，在离型纸上涂膜可获得具有热活化以及热固化交联、储存稳定的膜型黏合剂，可以用作晶圆、显示屏玻璃表面抛光垫。

创新元素跃动中国国际聚氨酯展（2023 年 8 月）

诞生 80 多年来，聚氨酯材料的每次重大创新变革，都推动了行业规模的指数级增长。时至今日，千变万化的聚氨酯依然在创新各种应用场景。

第 19 届中国国际聚氨酯展览会于 8 月初在广州大幕重开。这一历史悠久的专业聚氨酯展览会，是一个兼顾多方视角的"万花筒"，原料、助剂、制品供应商和下游用户云集；也是行业发展的"风向标"，众多企业亮出了最新的技术产品成果；还是结交人脉、拓展销售渠道的"会客厅"，国内外客户纷纷达成合作意向。这一次，展会又给行业带来了哪些新风尚？

新产品　树立行业发展"风向标"

"万华化学坚持工艺优化和高标准质量，引领不同行业的解决方案的开发、探索和应用。例如，以汽车座椅为代表的汽车解决方案采用高活性、低密度的高回弹泡沫，满足轻量化的要求。材料不仅提供出色的支撑性且耐久性优异，还通过增加慢回弹舒适层，减少应力集中，缓解长久驾乘疲劳感。"万华化学工作人员介绍说。

和万华化学一样，参加展会、展示新品，是很多聚氨酯企业拓市场、增订单的渠道之一。而国际展会，更是被企业视作展示新技术新产品的重要平台。

"展会人气真是旺，开展没多久，我们的资料就被一抢而空。"山东隆华新材料股份有限公司相关负责人兴奋地说。据介绍，该公司 36 万吨 / 年高性能聚醚多元醇扩建项目已经建成投产，产品以高活性聚醚及 CASE 用聚醚为主，其中 CASE 用聚醚广泛应用于建筑防水领域。

新应用　定制技术解决方案

"现在客户的需求呈现多元化、整体化，我们的产品和服务也在向一体化方向升级。"江苏美思德化学股份有限公司董事长孙宇介绍说，当前聚氨酯助剂企业产品同质化严重，行业竞争激烈，复合助剂的协同研究不足，缺少多种助剂集成创新平台。对此，美思德正以建设中国聚氨酯工业协会助剂工程技术中心为契机，以基础研究、应用研发为支撑，以工程技术研发为重点，实现集成创新和信息整合，为客户提供定制化技术解决方案。

奥斯佳材料科技（上海）有限公司也展示了最新的软泡和硬泡助剂解决方案，包括有机硅表面活性剂、海绵用功能助剂和环保生物基添加剂等。奥斯佳董事长张浩明表示，该系列新品不但能满足客户对性能方面的需求，而且兼具环保和可持续性。

展会上，备受客户青睐的还有厦门凯平化工有限公司展出的水性脱模剂、硅油、消音蜡等自主研发的产品。该公司总经理陈开平表示，公司此次带来浓缩型、中低固、高固、高闪点、可静电喷涂、水性脱模剂等定制化产品，产品应用已经从传统的汽车领域扩大到船舶、高铁、建筑等新兴领域。

新平台　吸引各国交流合作

中国国际聚氨酯展是中国聚氨酯行业对外展示技术产品成果的重要平台，吸引了全世界各地聚氨酯行业人士参观交流。

记者来到苏州湘园新材料股份有限公司的展台时，董事长周建正忙着和几位欧洲客户洽谈业务。"湘园新材深耕聚氨酯扩链剂行业多年，发展壮大的秘诀就是沿着专精特新之路，持续创新升级，不断推陈出新。"周建告诉记者，公司现拥有胺类、醇类、特殊类、潜固化剂等四大系列 20 个聚氨酯扩链剂产品，用其生产的聚氨酯产品已应用于建筑、交通、工业等领域，近期又在电子信息设备制造领域取得了突破，产品销往多个国家。

一位印度观展人员告诉记者，他是来自新德里的一家聚氨酯经销商，这次专门来中国参加展会，主要是想了解中国聚氨酯原料的相关企业和产品情况。

新集群　实现产业链一体化

在斯科瑞新材料科技（山东）股份有限公司展台前，一大批观展者正在交流洽谈。该公司副总经理张汉岭告诉记者，公司以扎实的聚酯多元醇项目提供发展基础，向上游延伸原料甘油，向下贯通应用端，包括矿井充填加固、防水保温工程的组合料、环保水性产品等。

展会期间，恒光新材料江苏股份有限公司展台氛围热烈。其自主研发的特胺产品、有机锡系列产品引人关注。该公司董事长李光介绍说，恒光新材以胺、锡类聚氨酯催化剂为基础，目前正在持续优化产品结构体系，安徽池州年产 3.4 万吨特胺及有机锡生产项目已经开工。新项目将拓展公司产品在纺织助剂、改性塑料等领域的应用，完善"生产—复配—应用"一体化产业链，实现产业升级，打造聚氨酯产业集群的增长极和新引擎。

济宁市金泰利华化工科技有限公司也在谋划延伸产业链。该公司总经理张波表示，金泰利华利用自主研发的催化加氢工艺专利技术，建设了特种胺、二邻氯二苯胺甲烷（MOCA）等产品生产线，并积极延伸产业链。

近年来，聚氨酯产业集群发展成果突出，涌现出一批聚氨酯原料及制品聚集区。参展的多家聚氨酯新材料产业园相关负责人均表示，将为聚氨酯企业进入园区提供完善配套和服务，打造聚氨酯集群，推动行业提升集中度，优化产业布局。

中国聚氨酯工业协会七届六次理事扩大会议提出：
行业应加强创新自律推进高质量发展（2024 年 3 月）

2024 年 3 月 23 日，在武汉举行的中国聚氨酯工业协会七届六次理事扩大会议上，中国聚氨酯工业协会理事长杨茂良指出，目前我国聚氨酯行业面临国内消费增速放缓、产能过剩风险加剧等诸多挑战，要加快创新升级，倡导行业自律，积极培育和发展新质生产力，推进行业高质量发展。

杨茂良表示，随着下游应用的增长，我国聚氨酯市场规模持续扩大，目前已是全球第一大聚氨酯原料生产国与制品消费国。2023 年，我国聚氨酯材料的消费量达 1285 万吨（含溶剂）；产能方面，二苯基甲烷二异氰酸酯（MDI）产能 429 万吨、甲苯二异氰酸酯（TDI）产能 149 万吨、聚醚多元醇产能 780 万吨、六亚甲基二异氰酸酯（HDI）产能 20 万吨、环氧丙烷产能 610 万吨、己二酸产能 374 万吨。

"2023 年，国内异氰酸酯装置产能利用率仍维持较高水平，但聚醚多元醇平均毛利不足 400 元 / 吨，环氧丙烷平均毛利低于 700 元 / 吨。随着新装置的投产，市场竞争加剧，预计毛利将进一步降低。"杨茂良说，目前国内主要聚氨酯原料投资依然活跃。据不完全统计，在建或拟建异氰酸酯项目包括：40 万吨 / 年 MDI（扩建）、41 万吨 / 年 TDI（新建 / 扩建各一套）、15 万吨 / 年 HDI（在建）。聚醚多元醇行业更是进入产能扩张期，2024—2028 年将新增产能 720 万吨 / 年以上；环氧丙烷规划项目产能超过 1000 万吨 / 年。

"但在国内，由于下游汽车、冰箱的消费逐步从刚需转变为替换性需求，再加上全球贸易保护主义抬头及贸易规则的变化，将导致下游消费增速远低于产能增速，预计未来 5 年国内聚氨酯材料消耗增速将维持在 3% 左右。在这样的背景下，聚氨酯行业产能过剩风险增大。"杨茂良提醒道。

杨茂良指出，面对风险挑战，聚氨酯行业要以科技创新引领产业创新，加快创新能力建设，实施一批重大科技项目，加快改造提升传统产业，推动行业高端化、智能化、绿色化发展；要加快利用新技术，满足新兴产业需求，特别是将生物制造、新材料、人工智能等作为行业提质升级的突破口和新增长引擎，发展新质生产力，推进行业高质量发展。

同时，杨茂良表示，要倡导行业自律、保障产品质量、规范市场秩序。聚氨酯协会将继续聚焦聚氨酯泡沫填缝剂、鞋用树脂、革用树脂、聚氨酯喷涂、聚氨酯板材、聚氨酯软泡等相关领域的热点问题，通过会议交流、标准制修订、科普宣传等方式倡导行业自律，促进企业加强品牌建设，创建软泡行业认证体系，引导技术创新和产品质量提升，为行业发展营造良好的社会舆论和营商环境。

"20 多年的坚守只为一件事"
——记第 20 届异氰酸酯行业责任关怀研讨会（2024 年 5 月）

这是一个只有 8 家会员单位的行业组织，召开了一届研讨行业安全、环保、职业健康等"接地气"内容的会议，却吸引了近 200 人参会。这就是 5 月 20—21 日中国聚氨酯工业协会异氰酸酯专业委员会在上海主办的第 20 届异氰酸酯行业责任关怀研讨会。

从 2003 年首届异氰酸酯行业产品责任关怀研讨会开始，这项活动已经举办了 20 届。"这些年，专委会通过组织研讨会等多项活动，聚焦政策法规、产品监管、过程安全、环境保护，推动可持续发展，在倡导责任关怀方面走在了行业前列。"中国聚氨酯工业协会副秘书长、异氰酸酯专委会秘书长李建波如是说。

走进会场，这里没有连成排的桌椅，取而代之的是一个个圆桌。"这种模式便于我们针对各种异氰酸酯相关的安全环保场景展开分组讨论，这种小组研讨我们每届会议上都有。"李建波解释道。

"聚合 MDI 槽车卸料时，卸料管线错接到聚醚储罐，导致软管及槽车阀门都全部堵塞，槽车内混杂了大量泡沫。请问是哪些原因导致这次事故？应该立即采取哪些措施？如何预防此类事故再次发生？"各小组围绕这些涉及异氰酸酯生产、流通、使用、存储等环节的实际问题展开热烈研讨，相关专家时不时进行补充。

"这些都是相关企业出现过的问题，对企业了解相关法规、操作规程和注意事项，提升责任关怀水平帮助很大。"一位参会的异氰酸酯企业代表告诉记者，"比如，这个聚醚和 MDI 管线错接的问题，我本人就遇到过3 次。通过研讨和经验交流，我们现在都了解了，一方面要通过专人操作、反复确认、给聚醚和异氰酸酯管路涂上不同的颜色、接口差异化设计等举措来避免错接；另一方面还要制定好预案，万一错接了要第一时间妥善处置，把损失降到最低。"

"在倡导责任关怀方面，异氰酸酯产业链企业有共同的诉求和目标。异氰酸酯生产企业会邀请众多下游用户、经销商、物流等企业前来参会，共同交流研讨行业责任关怀理念和经验。而且企业也会毫无保留地把自己的安全环保经验分享给同行。"李建波表示。

每年的责任关怀研讨会，都是由异氰酸酯专委会及其成员单位成立的责任关怀小组共同举办，并依据轮值原则，选出本届的组长单位，进行统筹安排。科思创作为今年的组长单位，重点分享了其在责任关怀方面的经验和做法。"通过这种方式，让每个异氰酸酯企业都重点参与其中，这对企业自身责任关怀工作也有很好的促进作用。"李建波告诉记者。

"科思创将产品安全监管渗透到全生命周期，优先考虑各个环节的环境、健康和安全问题。"科思创功能材料业务部副总裁窦峥分享了该公司责任关怀的经验。例如，在研究开发环节，在规划中优先考虑环境、健康与安全；在市场开发环节，保证产品在其应用领域的安全性；在产品登记和注册环节，保证所有 HSE 信息可用并且保持更新；在原料采购环节，对供应商的 HSE 表现进行评估；在生产环节，将生产过程中的环境影响降到最低；在配送物流环节，向运输商提供指导和信息；在加工处理环节，推行正确的使用规范，确保安全操作处理；在使用阶段，对产品应用情况进行适当的监督；在回收处置，妥善处理危险废弃物等。

来自异氰酸酯生产、物流、配套原料、仓储、应用和数字化解决方案领域的其他专家也分别分析了相关领域推进责任关怀的真知灼见。

有异氰酸酯的安全行为分析。"80%的事故与不安全行为有关，很多异氰酸酯企业在进入限制区域方面就存在很多安全问题。比如不佩戴个人防护装备、不定期更换呼吸防护设备过滤器、容器开孔检查没有佩戴呼吸防护设备、离开现场时检查口仍保持打开、使用压缩空气来进行清洁工作、在化学品储存地点进食饮水、桶装TDI/MDI盖口未密闭等。"巴斯夫单体事业部亚太区责任关怀及可持续发展经理张丹之介绍说。

有建设异氰酸酯项目消防管理经验。"万华化学建设项目实行全生命周期消防管理，重点围绕'以消防验收为抓手，提前介入、问题导向，促进建设项目消防尾项高质量、快速整改'的指导思想开展工作。目前已获取279份消防验收合格意见书，通过政府部门验收检查，保证了项目的合规性，并推动现场难点问题整改，为后期消防管理夯实基础。"万华化学烟台园区应急救援中心主任朱焱城表示。

有含戊烷环戊烷的发泡剂安全管理。亨斯迈聚氨酯材料和产业可持续发展部产品监管专家韩晶晶表示，戊烷和环戊烷作为易燃液体，混合气体可能引起爆炸，不应在喷涂聚氨酯作业时；贮存场所和生产区域应保持良好通风；要实施控制风险的工程措施，包括设置通风、报警、中央控制等系统；作业人员要掌握风险意识和工艺流程；要遵循所有安全工作程序，并定期培训；要有良好的应急响应和准备；要定期维护设施设备，确保其可靠性和完整性；要建立完善的管理制度等。

有化工企业安全数字化解决方案。华峰集团HSE总监朱少正表示，华峰可以提供化工园区安全的数字解决方案和HSE管理平台，帮助企业建立完善企业内部安全生产全要素，建立健全企业风险管控、隐患排查与治理、特殊作业管理、相关方管理等HSE核心功能，进一步提高化工企业安全生产管理水平。

"二十多年的坚守，是异氰酸酯专委会及其成员单位对推进责任关怀倡议的承诺。"李建波表示，专委会成立以来，一直致力于促进政府及社会大众对异氰酸酯和聚氨酯工业增进了解；与立法机关保持联系，处理与异氰酸酯行业有关的法律、法规方面的问题；促进异氰酸酯原料和产品健康、安全和环保的工作；协调和支持提高异氰酸酯的安全清洁生产及应用；与政府和相关机构合作，促进异氰酸酯行业的发展，造福社会大众。

创新点亮行业高质量发展之路

——第二十届中国国际聚氨酯展览会掠影（2024 年 8 月）

不久前，第二十届中国国际聚氨酯展览会在上海举行。此次盛会不仅在规模上再创新高，更在品质和服务层面追求卓越，成为聚氨酯行业展示、交流、互融、共创的重要平台。

这是一场化工新材料领域的产业盛宴，也是一场聚氨酯技术与应用的热情相拥……展会期间，众多聚氨酯企业的创新之光，点亮行业高质量发展之路，展现了聚氨酯材料的独特魅力。

创新应用成果目不暇接

本次展会，万华化学在"循新境""拓新径"和"筑零净"三大展区，展示了聚氨酯的最新科技与成果。

万华化学相关负责人表示，万华化学致力于通过聚氨酯材料创新，提升民众生活品质。近期，万华化学相继向天津大学、北京化工大学、华东理工大学等高校捐赠记忆绵床垫。据介绍，万华化学聚氨酯床垫材料具有慢回弹、耐压缩等特性，对人体的承托符合人体工程学原理，给身体各个部位提供均匀支撑，令人体脊椎呈自然放松状态，并具有独有的静音、吸震特性，为使用者提供舒适健康的安睡体验。参展者在展会上竞相体验这款床垫，坐一坐、躺一躺，感受万华聚氨酯材料的魅力。

科思创展台的一台台自动化聚氨酯弹性体设备格外博人眼球。此次展示重点为浇注型聚氨酯领域的强大产品组合，聚焦亚太地区快速增长的行业，如可再生能源、物料搬运和新能源汽车等。

其中，聚氨酯弹性体材料在海底电缆保护部件中的各种应用是本次展览的亮点之一，例如用于海上风电场的弯曲限制器、弯曲加强筋和电缆保护套管。这些材料具有出色的耐冲击、耐水解和耐磨性，可延长电缆的使用寿命并降低风电场维护成本。

走到隆华新材料的展台，展柜上陈列的各类高品质聚醚多元醇、聚合物多元醇等产品，端氨基聚醚和尼龙 66 等新品，吸引了众多参观者的目光。

记者了解到，7 月 3 日，隆华新材的端氨基聚醚产品成功实现了批量交付。本次展会上，隆华新材各类新品的关注度很高，并达成了多项合作意向。

搭建交流合作重要平台

与往届相比，本次展会的展商数量、展馆面积、观展人数均创历史新高。2.2 万平方米的展馆涌入了 1 万多名中国观众，国外观众也络绎不绝。

中化东大的展台人流如织、观众云集。中化东大展出了汽车内饰、建筑领域、体育领域、家居领域、工业领域和化学领域等相关聚醚产品，以及水性聚氨酯用聚醚、氨类起始剂自催化聚醚等特种聚醚新产品，能够有效降低挥发性有机物的排放，进一步提高下游产品的环保性能。

"三井的客户连续两天来到中化东大展位，围绕技术和商务协调进行沟通交流。巴斯夫亚太地区产品经理专程从新加坡赶来，探讨下一步的合作模式与海外市场推广。"中化东大总经理助理徐展告诉记者。

江苏美思德化学股份有限公司携聚氨酯助剂前沿技术和创新成果精彩亮相，包括新型聚氨酯硬泡、软泡、高回弹、特种、生物基改性聚氨酯有机硅匀泡剂等，引发行业广泛关注。展会期间，美思德与国内外客户深入交流，达成多项合作意向。

"这种生物基的聚酯多元醇不仅性能优异，而且具有原料循环低碳的特点，为下游客户提供了更多元化、更高性能的产品选择……"面对不断前来问询的观众，斯科瑞副总经理张汉岭耐心地介绍展品。

张汉岭介绍说，斯科瑞作为专精特新"小巨人"企业，此次携其最新的聚酯多元醇、MS密封胶及聚氨酯组合料等系列产品亮相。斯科瑞展台吸引印度、巴基斯坦、日本、韩国、俄罗斯、欧洲等地客户，达成了多项合作意向。

在润英聚合工业有限公司的展区，总经理洪俊民正忙着接待东南亚的客户。洪俊民告诉记者，润英是亚洲最大的聚氨酯设备制造商之一，总部设在新加坡，提供的服务涵盖聚氨酯设备和配套的流水线、自动化生产线、专业夹具等机械设备和技术，为客户提供一站式聚氨酯产品解决方案。

特色技术产品备受青睐

展会上记者看到，有多家单项冠军、专精特新企业将技术创新作为核心竞争力，开发出一系列绿色低碳聚氨酯新产品新技术，为下游行业高质量发展提供了有力支撑。

"这种聚醚参数怎么样？""能不能出口到欧洲？"红宝丽展台，众多观众纷纷咨询。"没有想到，大家这么热情！"该公司相关负责人表示。

"这些年，红宝丽集团作为单项冠军企业，在聚氨酯细分领域做精做专，树立标杆，在绿色发泡、多元发泡、低沸点发泡聚氨酯等方面的创新步伐不断提速，已经成为行业技术迭代的风向标。"一位来到红宝丽展台的参展观众表示。

作为新晋单项冠军企业，苏州湘园新材料股份有限公司展出了"湘园牌"聚氨酯扩链剂新品，还推出了应用该公司聚氨酯扩链剂的聚氨酯道路、光伏边框、新型车衣等展品。

同样是单项冠军企业，一诺威展示了一系列具有突破性的聚氨酯原料及下游产品，包括聚氨酯聚醚、预聚体等。这些产品在产品性能、环保、可持续发展方面有着出色的表现。

厦门凯平化工有限公司总经理陈开平介绍说，国产新能源汽车市场的爆发，为上游材料行业的产品升级和市场拓展注入了新动力。该公司作为车用聚氨酯脱模剂领军企业，其产品对提高下游材料质量、减少模具积垢、降低生产成本有着显著的成效，业绩连年创下新高。

作为本次展会上唯一的聚氨酯园区参展商，淮安聚氨酯产业园在展会上与国内多家知名企业建立了广泛的联系与合作意向。

众多展商表示，中国国际聚氨酯展览会为行业企业提供了一个交流合作的优质平台。虽然为期 3 天的展会结束了，但企业间合作的桥梁已经架起，为未来的携手高质量发展绘制了宏伟蓝图。

聚氨酯助剂：为行业拓展市场提供支撑（2024 年 8 月）

聚氨酯助剂用量虽然较少，却能显著影响聚氨酯材料的性能。面对全球经济增长乏力、市场需求不旺的现状，在近日举行的中国聚氨酯工业助剂分会年会暨第三届聚氨酯助剂技术研讨会上，多位聚氨酯助剂专家表示，要加快创新驱动，以绿色低碳、安全环保、优质高效、多功能聚氨酯助剂，为行业拓展下游市场提供支撑。

满足可持续发展新要求

发展生物基化学品是推动化工可持续发展的重要途径。"随着生物合成技术的长足进步，生物基精细化学品的成本与化石产品的成本日益接近，如琥珀酸等部分生物基化学品的售价甚至低于相应的石化产品。"中国林科院林化所科技处处长张猛教授提出，生物基聚氨酯助剂在提高聚氨酯材料的生物基含量、降低碳排放、改善性能等方面正日益发挥着重要作用。随着技术的不断进步和成本的降低，生物基聚氨酯助剂的市场竞争力也将不断增强。因此行业要大力发展生物基聚氨酯助剂，推动聚氨酯材料的绿色、低碳、可循环发展。

"非粮生物基原料可以衍生出聚氨酯助剂等生物基化学品。比如，生物基呋喃二甲酸作为生物基平台化合物中唯一的环状共轭双羟基的芳香化合物，可取代精对苯二甲酸（PTA）等石油基芳香化合物，合成生物基助剂及材料。"张猛介绍说，林化所等科研机构研究开发的相关生物基助剂包括香草醛基扩链剂、松香基扩链剂、植物油基阻燃剂等，其中阻燃剂又有松香基阻燃剂、香草醛类阻燃剂、木质素基阻燃剂等多种产品。

美思德依托聚氨酯协会助剂工程技术中心开展了多种助剂的集成应用创新与产业化协同布局，开发的生物基聚氨酯泡沫稳定剂得到市场充分认可。美思德副总经理张伟表示，公司与科思创、林化所开展战略合作，共同致力于生物基聚氨酯助剂的开发和应用。

满足汽车产业性能新要求

在聚氨酯的诸多下游中，新能源汽车可谓一枝独秀。新能源汽车很多零部件为聚氨酯类制品，如汽车座椅海绵、地毯、发动机盖板、方向盘等。新能源汽车产业的蓬勃发展不仅拉动了聚氨酯需求，也对聚氨酯材料及相应助剂在性能上提出了新要求。

科莱恩化工聚合物解决方案业务部应用开发经理唐敏介绍说，科莱恩开发的无卤阻燃剂具有既环保又能防火的优点，以支持中国电动汽车和电子电气领域工程塑料应用的显著增长。

汽车消费者对于车内气味特别敏感。有机胺聚氨酯泡沫催化剂有胺的刺激性味道，因此要通过工艺创新，开发低挥发/无挥发的有机胺催化剂。恒光新材料（江苏）股份有限公司研发经理李忠军介绍说，解决这一问题的主要途径是通过增加有机胺分子量或者使用反应型有机胺催化剂；通过复配协同作用提高催化剂的功效和降低体系的气味；通过生产技术的提升，优化原料和工艺减少有机胺生产过程的碳痕迹，同时降低生产成本。

张伟表示，美思德一期2.5万吨/年吉林有机胺催化剂项目已经投产，产品包括聚氨酯胺类催化剂以及配套中间体，共12条生产线22个品种，能充分满足汽车聚氨酯材料等客户需求。

"新能源汽车聚氨酯模塑配件加工成型过程离不开各类脱模剂。传统的是有机溶剂型脱模剂，但如今对环保的水基型脱模剂的需求越来越多，这要求聚氨酯脱模剂企业加速产品升级。"泉州凯平肯拓化工有限公司总经理舒兴文表示,凯平化工研发生产了多种性能的脱模剂,可以满足新能源汽车内饰件的生产要求。

满足金属材料替代新要求

苏州湘园新材料股份有限公司、江苏湘园化工有限公司董事长周建认为,以聚氨酯材料替代金属材料的市场潜力较大,能显著节省资源和能源、降低成本、提高经济效益,是聚氨酯行业的重要经济增长点,也是聚氨酯助剂的重要创新方向。

周建介绍说,应用功能性新型聚氨酯扩链剂生产的替代金属聚氨酯材料,具有重量轻、性能优异、应用领域广泛等优势。该材料使用寿命可达25年,密度仅相当于钢材的1/4,生产过程也符合清洁化生产的要求。

"以聚氨酯材料替代金属材料具有广阔的应用空间和前景,如光伏边框支架、建筑门窗使用的框架材料等,该材料应用环境从零下45摄氏度至零上100多摄氏度都没问题;用于城市地下的预备管、水管等都非常安全。"周建告诉记者,这种新型聚氨酯材料废弃后可在降解后继续回用,破碎后可作为填充料或做成不同类型的家具、墙体材料、各类挡板等。回用后的材料具有使用寿命长、耐寒防冻、耐温防晒、保温隔热、阻燃等优势。

在聚氨酯反应中,聚氨酯助剂特别是扩链剂的细微变化会让制品性能发生较大改变,是支撑制品性能不可或缺的关键助剂,扩链剂的创新可以推动材料向高质量、多元化、高性能、绿色和可持续化发展。

周建表示,要开发替代金属的聚氨酯材料,需根据材料的功能性要求选用不同的扩链剂;必须创新功能性新型聚氨酯扩链剂,使其在推动聚氨酯行业拓宽下游市场方面发挥重要作用。

"替代金属材料可以拉动聚氨酯材料市场应用,拓展新的应用领域,如机械制造、模具、纤维、新能源、城镇化建设等。"周建说,我国是聚氨酯的生产和应用大国,各类聚氨酯原料、助剂供应充足,新的聚氨酯材料应用市场正在不断开拓中。

聚氨酯：昂首迈进行业强国行列（2024 年 9 月）

聚氨酯广泛应用于国民经济建设，是人们日常生活中必不可少的合成材料。新中国成立 75 年来，我国聚氨酯行业发生了翻天覆地的变化。从缺乏技术到全球领先，从依赖进口到产品大量输出，从小作坊到单套装置产能领先，我国聚氨酯行业积极赶超世界先进，正昂首迈进聚氨酯工业强国之列。

我国聚氨酯工业起源于 20 世纪 50 年代末 60 年代初。到 80 年代，改革开放的春风吹遍大江南北，聚氨酯行业迎来了发展的春天。在这一时期，黎明化工研究院开发的聚氨酯胶黏剂及反应注射成型材料填补了多项空白，烟台万华拉开了中国第一个聚氨酯原料工业基地建设的序幕。随后，一套套国产化聚氨酯装置如雨后春笋般在神州大地不断涌现。

90 年代后，随着我国经济持续高速发展，聚氨酯作为新型多功能高分子材料，在交通、家电、家具、冶金等领域得到越来越广泛的应用。需求的迅速增长也进一步推动了聚氨酯行业的发展壮大，软质泡沫箱式发泡小企业蓬勃发展，冰箱生产基地的自动浇注硬泡绝热层生产线、夹心板材硬泡浇注生产线、连续法大块软泡生产线、模塑软泡生产线等总数上百条，大型聚氨酯涂料、胶黏剂等生产厂家也有 10 多家。

进入 21 世纪，通过对引进技术装置的消化吸收，我国基本掌握了聚氨酯主要原材料的生产技术，聚氨酯材料应用迅速铺开。我国聚氨酯工业进入飞速发展阶段，成为化工行业中发展最快的领域之一。

"十四五"期间，我国已经成为世界最大的聚氨酯原材料生产基地和最大的聚氨酯制品生产和消费市场，行业开始进入追求效率和质量的集约型增长的高质量发展时期。目前，我国聚氨酯主要原料、产品生产技术水平已达到或接近国际先进水平。异氰酸酯制造技术世界领先；环氧丙烷、多元醇、助剂、聚氨酯装备技术与生产水平明显提升；形成了一批拥有自主知识产权的生产技术。行业本质安全、清洁生产、可再生资源利用和过程排放控制技术水平不断提升，绿色生产工艺和环保型产品开发取得突破，水性、无溶剂聚氨酯合成革浆料和水性涂料生产快速增长。我国生产了全世界 95% 的冷藏集装箱、70% 的玩具、60% 的鞋子，聚氨酯行业持续满足家具、家电、建筑、交通运输、机械、新能源等下游市场的强劲需求，为推动经济和社会发展作出了卓越贡献。

与此同时，行业也培育出万华化学、红宝丽、华峰、一诺威、中化东大、湘园新材、美思德、隆华新材、长华化学等多家制造业单项冠军企业和上市公司，形成了上海、南京、淄博、重庆、福州、烟台等一批聚氨酯原料及制品聚集区。其中，万华化学成为世界最大的 MDI 和 TDI 生产商，排名 2024 全球化工企业 50 强第 16 位。

在我国聚氨酯行业快速发展的过程中，行业协会发挥了重要作用。1994 年，在全国聚氨酯行业协作组的基础上，中国聚氨酯工业协会在民政部注册成立，标志着中国聚氨酯行业有了全国性的行业组织，行业步入了蓬勃发展的新阶段。中国聚氨酯工业协会成立 30 年来，充分发挥行业桥梁和纽带作用，在引领行业健康发展、维护行业合法权益、树立行业良好形象等方面作出了重大贡献，社会地位和影响力日益提高，为推动我国聚氨酯行业发展发挥了重要的作用。

当前，聚氨酯工业迈入了以创新引领、绿色发展为主题的新阶段。党的二十大提出，推进新型工业化，加快建设制造强国、质量强国，推动制造业绿色、低碳、可持续发展，给聚氨酯工业高质量发展指明了方向，也提出了新的要求。聚氨酯行业正积极实施创新驱动发展战略升级，树立绿色低碳发展理念，培育和发展新质生产力，瞄准重点产业链，加强前沿技术研究，推动高端化、智能化、绿色化发展，积极构建现代化产业体系，推动行业高质量发展。